FORSCHUNGSBERICHTE
DES WIRTSCHAFTS- UND VERKEHRSMINISTERIUMS
NORDRHEIN-WESTFALEN

Herausgegeben von Staatssekretär Prof. Leo Brandt

Nr. 324

Prof. Dr.-Ing. Herwart Opitz
Priv.-Doz. Dr.-Ing. Ernst Saljé
Dipl.-Ing. Karl Eugen Schwartz

Laboratorium für Werkzeugmaschinen der Technischen Hochschule
Aachen

Richtwerte für das Außenrund-Längs- und Einstechschleifen

Als Manuskript gedruckt

WESTDEUTSCHER VERLAG / KÖLN UND OPLADEN

1956

ISBN 978-3-663-04113-9 ISBN 978-3-663-05559-4 (eBook)
DOI 10.1007/978-3-663-05559-4

Forschungsberichte des Wirtschafts- und Verkehrsministeriums Nordrhein-Westfalen

G l i e d e r u n g

1. Einleitung .... S. 5

    1.1 Sinn und Zweck der Richtwertuntersuchungen .... S. 5

    1.2 Besonderheiten des Schleifvorganges .... S. 5

2. Grundlegende Gesetzmäßigkeiten .... S. 6

    2.1 Die Querrauhtiefen .... S. 7

    2.2 Die Kräfte .... S. 10

    2.3 Standzeit - Standvolumen .... S. 12

    2.4 Der Scheibenverschleiß .... S. 14

    2.5 Einfluß von Emulsions- und Ölkühlung .... S. 17

3. Versuchsdurchführung .... S. 17

4. Auswertung der Versuchsreihen .... S. 20

    4.1 Die Rauhtiefen .... S. 20

    4.2 Die Kräfte .... S. 24

    4.3 Standvolumina .... S. 30

    4.4 Der Scheibenverschleiß .... S. 43

5. Zusammenfassung und Ausblick .... S. 46

6. Verzeichnis der verwandten Formelzeichen .... S. 49

7. Literaturverzeichnis .... S. 50

Forschungsberichte des Wirtschafts- und Verkehrsministeriums Nordrhein-Westfalen

1. Einleitung

Der Verband Deutscher Schleifmittelhersteller sowie das Wirtschafts- und Verkehrsministerium des Landes Nord-Rhein-Westfalen stellten Mittel zur Verfügung, um Richtwerte für das Genauigkeitsschleifen zu ermitteln. Die hierzu erforderlichen Versuche wurden im Laboratorium für Werkzeugmaschinen und Betriebslehre an der Technischen Hochschule Aachen durchgeführt, aufbauend auf zahlreiche Schleifversuche, die zum größten Teil von der Deutschen Forschungsgemeinschaft unterstützt wurden.

Bisher lag nur eine Übersicht des AWF [1] vor, in der einige Erfahrungswerte zusammengetragen sind. Zweck der Richtwerte ist es, dem Werkstattmann Anhaltspunkte über die Wahl der wirtschaftlichen Schleifbedingungen zu geben. Daß es sich nur um Anhaltspunkte handeln kann, ergibt sich bereits aus der unermeßlichen Fülle von Kombinationsmöglichkeiten, hervorgerufen durch zahlreiche Einflußgrößen.

Es ist daher falsch, wenn die hier empirisch ermittelten Werte verallgemeinert werden. Sie gelten nur für die jeweils gewählten Schleifbedingungen und sind dabei noch mit Streuungen behaftet. Es wurde versucht, den praktisch wichtigsten Bereich beim Außenrund- Längs- und Einstechschleifen zu untersuchen. Im Hinblick auf den Versuchsumfang mußten jedoch die Werkstückdurchmesser, der Werkstoff und die Schleifscheibenarten und -Härten sowie die Abrichtbedingungen konstant gehalten werden.

1.1 Sinn und Zweck der Richtwertuntersuchungen

Der Wert dieser Richtwertuntersuchungen mag darin begründet liegen, daß
1) die Schleifbedingungen dem augenblicklichen Stand der Schleiftechnik entsprechend systematisch variieren;
2) die quantitativen Zusammenhänge sicher auf weitere, entferntere Gebiete des Schleifens übertragbar sind;
3) ein qualitativer Begriff über die wichtigsten Einflußgrößen wie Rauhtiefen, Kräfte und Standzeiten gegeben wird.

1.2 Besonderheiten des Schleifvorganges

Beim Schleifvorgang erfolgt die Zerspanung bekanntlich durch eine Vielzahl von Körnern auf dem Umfang der Schleifscheibe; es werden relativ kleine Späne abgetrennt. Die wirksamen Körner sind von unterschiedlicher Größe und geometrischer Form. Oft lassen sich beim Herstellen der Scheiben Zonen

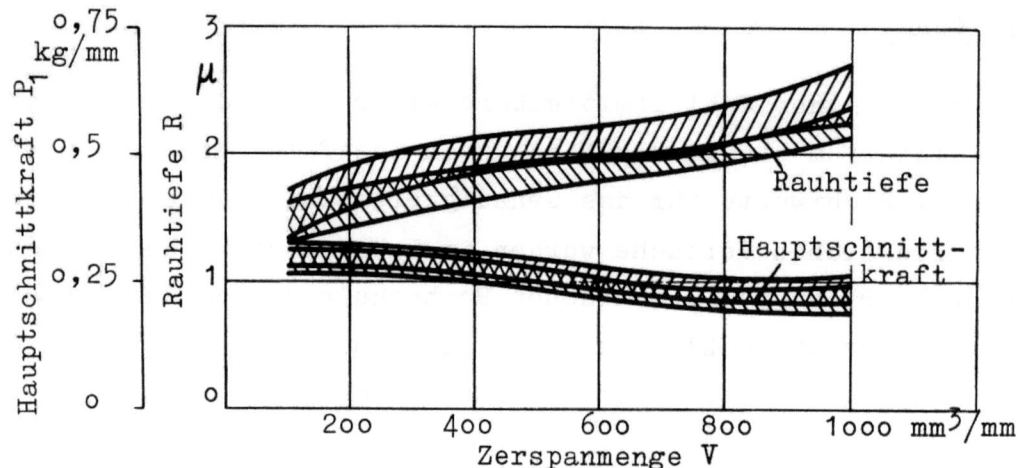

Abbildung 1

Statistische Auswertung für eine Versuchsreihe
Einstechschl: Scheibe: 6oL 400⌀x80 Werkst: Ck45 6o⌀x15
Kühlung: Em 1:60 Z=1,0 mm^3/mm·s v_s=28 m/s v_w=0,3 m/s
Bem: Anzahl d. Versuche je 5 //// normalisiert \\\\ angeliefert

unterschiedlicher Härte nicht vermeiden. Diese Besonderheit des Werkzeuges im Gegensatz etwa zu den definierten Schneiden beim Drehen, führen zwangsläufig zu Streuungen bei der Auswertung von Versuchsergebnissen. Um einmal einen Anhalt über die Größe der Streuungen zu bekommen, wurden u.a. 5 Versuche unter den gleichen Eingriffsbedingungen durchgeführt und dabei Kräfte und Rauhtiefen gemessen. Abbildung 1 gibt die Größen der Streubereiche wieder, die sich zahlenmäßig zu ± 5 ... 7 % bezogen auf den Mittelwert ergeben. Im gleichen Diagramm erkennt man, daß sich bei normalisiertem Werkstoff gegenüber dem angelieferten die Meßwerte etwas unterscheiden. Die beiden Streubereiche fallen jedoch teilweise zusammen, so daß für die weiteren Versuche von einer Normalisierung des Werkstoffes abgesehen wurde. Die Standzeit war bei beiden Gefügezuständen für diese Versuche gleichmäßig.

2. Grundlegende Gesetzmäßigkeiten

Die Erforschung des Schleifvorganges führte zu der grundlegenden Erkenntnis, daß das Schleifergebnis nicht nur durch die Wahl geeigneter Schleifscheiben, sondern auch durch Anwendung geeigneter Arbeitsbedingungen optimal gestaltet werden kann.

Das Schleifergebnis wird im wesentlichen durch die vier, bei den Richtwertuntersuchungen gemessenen, Größen beschrieben:

a) Querrauhtiefe des Werkstückes
b) Kräfte beim Schleifen
c) Scheibenverschleiß
d) Standzeitverhalten der Schleifscheibe.

2.1 Die Querrauhtiefe

Die Querrauhtiefe kann als Maß für die Oberflächengüte gewertet werden, weil sie die Funktionsfähigkeit des Werkstückes und sein Aussehen beschreibt. Darüberhinaus dürfen jedoch die anderen Komponenten wie Längsrauhtiefe und Formfehler nicht unberücksichtigt bleiben und müssen gegebenenfalls mit erfaßt werden. Bezüglich des Rundlauf- und Kreisformfehlers von geschliffenen zylindrischen Körper hat sich aber gezeigt, daß sowohl der zeitliche Verlauf als auch die Abhängigkeit zur Zerspanleistung ähnlich sind wie bei den Querrauhtiefen. Zwischen Querrauhtiefe und Maßgenauigkeit muß zwangsläufig ein Zusammenhang bestehen, so daß enge Maßtoleranzen geringe Rauhtiefen voraussetzten.

Die Rauhtiefe - gemeint ist jetzt immer die Querrauhtiefe senkrecht zur Bearbeitungsrichtung gemessen - ist das Ergebnis der Überlagerung von kleinen Spanfurchen, die durch das Eindringen der Vielzahl von unterschiedlich geformten Spitzen der Schleifkörner auf dem Werkstück zurückbleiben. Die Rauhtiefe wird damit klein, wenn die mittlere theoretische Spandicke klein ist. Diese ergibt sich zu:

$$(1) \qquad h_g = \lambda \cdot \frac{v_w}{v_s} \cdot \sqrt{a} \cdot \sqrt{\frac{1}{D} + \frac{1}{d}}$$

Mit λ wird der mittlere Kornabstand bezeichnet, der in erster Näherung gleich der Korngröße gesetzt werden kann. Aus dieser Formel erkennt man bereits den Einfluß von Schleifscheibe <u>und</u> Eingriffsbedingungen auf die Ausbildung des Oberflächenbildes. Durch Anwendung der Ähnlichkeitsmechanik fand SALJÉ [2] eine Rauhtiefenformel für das Längsschleifen, in der die Einflüsse der Einstellbedingungen wiedergegeben werden.

$$(2) \qquad R = \frac{1}{v_s} \left(\frac{a \cdot s \cdot v_w}{b_s} \right)^{1 + \frac{1}{\varkappa}} \cdot \text{const}$$

Danach fällt die Rauhtiefe mit zunehmender Schleifscheibengeschwindigkeit und Scheibenbreite; sie steigt mit dem Produkt $a \cdot s \cdot v_w$, der Zerspanleistung. Die Konstante und der Exponent werden durch die Randbedingungen, Schleifscheibe, Werkstoff, Kühlmittel u.a. bestimmt.

Die Überschliffzahl ist das Verhältnis von Scheibenbreite zum Seitenvorschub $u = b_s/s$; sie gibt an, wie oft ein Punkt des Werkstückes bei einem Überlauf überschliffen wird. Sie ist für das Längsschleifen von großer Bedeutung, weil von ihr die Werkstückrauhtiefe und die Verschleißform der Scheibe wesentlich beeinflußt werden.

Das Einstechschleifen kann als Grenzfall des Längsschleifens mit der Überschliffzahl 1 angesehen werden. Die Beziehung für die Rauhtiefe lautet ähnlich wie beim Längsschleifen.

$$(3) \qquad R = \frac{1}{v_s} \cdot (a \cdot v_w)^{1-\frac{1}{\varkappa}} \cdot \text{const}^{\frac{1}{\varkappa}}$$

Es ist einleuchtend, daß der Zerspanungsvorgang längs der Scheiben- bzw. Werkstückbreite konstant verläuft. Die Größen Zerspanleistung, Zerspanmenge, Scheibenverschleiß und Kraft werden darum zweckmäßig auf die Längeneinheit bezogen.

Dem Zerspanungsvorgang beim Einstechschleifen wird in der Praxis eine mehr oder weniger lange Ausfunkzeit angeschlossen. Dabei wird die unter der Wirkung der Schnittkräfte verformte Schleifmaschine entspannt, was einer stetig geringer werdenden Zustellung entspricht. Formal kann man das Aus-

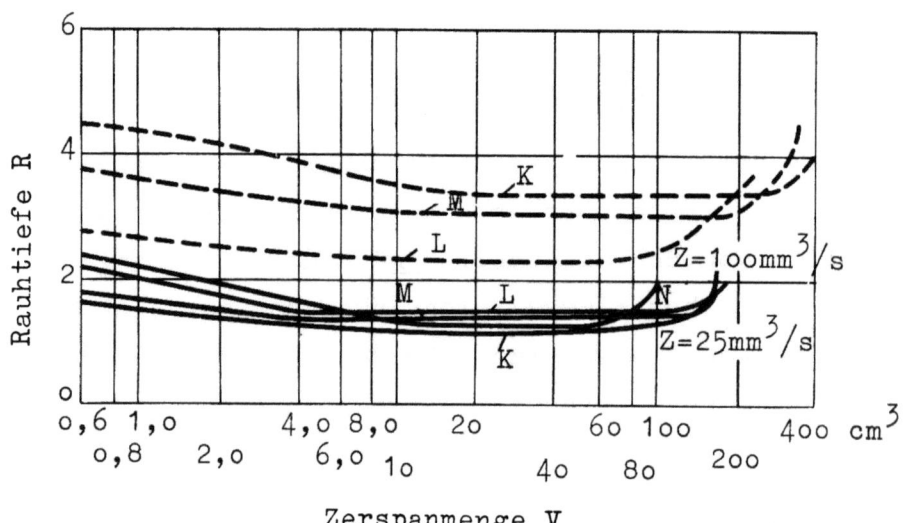

A b b i l d u n g   2

Rauhtiefenverlauf beim Längsschleifen

Längschl: Scheibe 400⌀x80 Werkst: 100⌀x100 Ck45 angel.

Kühlung: Em 1:60 v_s=28 m/s v_w=0,3 m/s v_L=17 mm/s s=18,2 mm u=4,4

funken als Erhöhung der Überschliffzahl werten. Diese Überschliffzahl wurde von SALJÉ [3] definiert und lautet:

(4) $$u = 1 + t_A \cdot v_w$$

Dadurch lassen sich Rauhtiefenverbesserungen bis zu 50 % erreichen, die sich nach einer Überschliffzahl von etwa 40 ... 60 einstellen. Eine weitere Vergrößerung dieser Zahlen bringt keine Verbesserung mehr, da nach restloser Entspannung der Maschine keine Zerspanung mehr stattfinden kann.

Die bisherigen Ausführungen bezogen sich alle auf die frisch abgerichtete Schleifscheibe, die ein Höchstmaß an Gleichförmigkeit und Schneidfähigkeit besitzt. Von besonderem Interesse ist noch der zeitliche Verlauf. Für das Längsschleifen (Abb. 2) fällt die Rauhtiefe zunächst zu etwas kleineren Werten ab. Nach diesem Einlaufvorgang bleibt sie in einem Beharrungsbereich über einige Zeit konstant. Die hier ermittelten Rauhtiefenwerte können der Rauhtiefenformel (2) zu Grunde gelegt werden. Nach einiger Zeit wird sich ein Anstieg der Rauhtiefe einstellen, der beim Feinschleifen als Kennzeichen für das Standzeitende gewertet werden kann. Die Erläuterung des geschilderten Verlaufes folgt im Zusammenhang mit der Besprechung der Verschleißformen beim Längsschleifen.

Beim Einstechschleifen bildet sich mit Ausnahme bei sehr kleinen Zerspanleistungen kein Beharrungsbereich der Rauhtiefe aus (Abb. 3); vielmehr

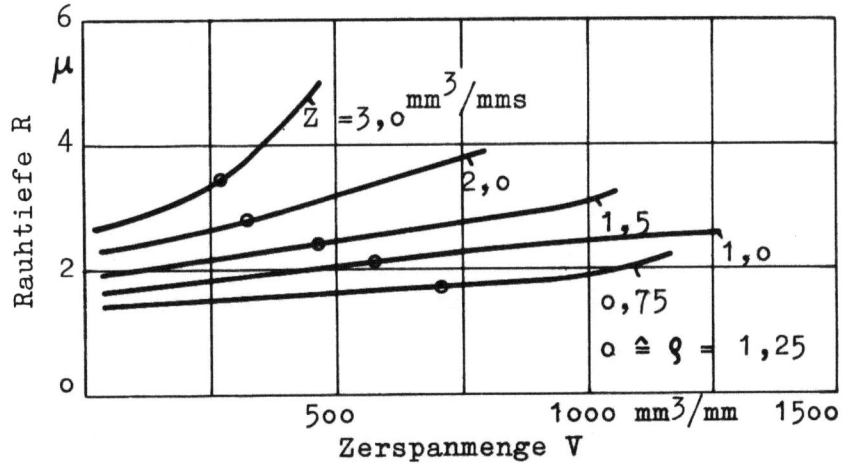

Abbildung 3

Rauhtiefenverlauf beim Einstechschleifen

Einstechschl: Scheibe: 60M 400⌀x80 Werkst: Ck45 angel. 100⌀x15

Kühlung: Em 1:60 v_s=28 m/s v_w=0,3 m/s

steigt sie je nach Größe der Zerspanleistung gleich von Anfang an mehr oder weniger stark an. Der Rauhtiefenformel (3) müssen hier die Anfangswerte zu Grunde gelegt werden.

Die Änderung der Rauhtiefe über der Schleifzeit bei gleichbleibenden Eingriffsbedingungen kann nur mit einer Änderung der Schleifscheibe erklärt werden. Tatsächlich zeigt sich, daß durch das Ausbrechen von Schleifkörnern der mittlere Kornabstand vergrößert wird, was zu größeren Einzelspanquerschnitten führt, die entsprechend größere Rauhtiefen auf der Werkstückoberfläche hinterlassen. Der mittlere Kornabstand läßt sich mit einem Abdruckverfahren, das von GOEDECKE [4] beschrieben wird, in guter Näherung ermitteln.

2.2 Die Kräfte

Es wurden beim Schleifen die Kräfte in Umfangsrichtung der Schleifscheibe und senkrecht dazu gemessen. Die leistungsverzehrende Umfangskraft oder Hauptschnittkraft bestimmt die notwendige Antriebsleistung der Schleifscheibe. Mit Hilfe der Energiebilanz aus Hauptschnittkraft und Schnittgeschwindigkeit lassen sich die Wärmemengen erfassen, die beim Schleifen freiwerden und abgeführt werden müssen. Aus Hauptschnitt- und Abdrängkraft ergibt sich die resultierende Kraft nach Größe und Richtung, die ein Maß für die statische und dynamische Beanspruchung von Maschine und Werkstück ist.

Für die Hauptschnittkraft hatte sich durch Anwendung der Ähnlichkeitsmechanik eine Formel ergeben [2], mit der der Einfluß der Eingriffsbedingungen beschrieben wird:

$$(5) \qquad P_1 = \text{const} \cdot \left(\frac{a \cdot s \cdot v_w}{v_s} \right)^{1 + \frac{\varepsilon}{2}}$$

Konstante und Exponent ergeben sich wie bei den Rauhtiefen aus den Randbedingungen. Man erkennt, daß die Hauptschnittkraft mit der Zerspanleistung steigt und mit der Scheibengeschwindigkeit fällt, was die Versuche beim Längs- und Einstechschleifen bestätigen.

Die Abdrängkraft wird durch gleiche Gesetzmäßigkeiten zu den Eingriffsbedingungen beschrieben, wie die Hauptschnittkraft. Der Einfluß der Schnittgeschwindigkeit auf sie ist jedoch stärker. Die Abdrängkraft war bei allen Versuchen stets größer als die Hauptschnittkraft. Das Verhältnis von

Abdrängkraft zur Hauptschnittkraft beträgt etwa 1,4 bei kleiner Schnittgeschwindigkeit und großer Zerspanleistung und erreicht bei entgegengesetzten Bedingungen den Wert 2,4.

Der zeitliche Verlauf von Hauptschnitt- und Abdrängkraft unterscheidet sich qualitativ nicht, so daß das Kraftverhältnis über der Zeit nahezu konstant bleibt. Dagegen ergeben sich für Längs- und Einstechschleifen verschiedene Arten des Verlaufes (Abb.4). Beim Längsschleifen (Abb.4) wird in den meisten Fällen nach einiger Zeit die Schnittkraft auf kleinere Werte abfallen, um später wieder zu einem zweiten Maximum anzusteigen. Bei der Zuordnung der Kräfte zu den Eingriffsbedingungen, muß dieser Verlauf gemittelt werden. Beim Einstechschleifen (Abb. 5) fallen meistens die Kräfte nach kurzer Eingriffszeit stetig ab und können bei Standzeitende zuweilen nur noch den halben Angangswert betragen. Auch hier wurde ein Mittelwert gebildet, der den Eingriffsbedingungen zugeordnet wurde.

Die Tatsache, daß die Kräfte mit größerer Schleifzeit zu kleineren Werten abfallen, findet eine Erklärung bei Betrachtung der Einzelspanquerschnitte. Wenn die Schleifscheibe verschleißt, indem ganze Körner aus dem Gefüge

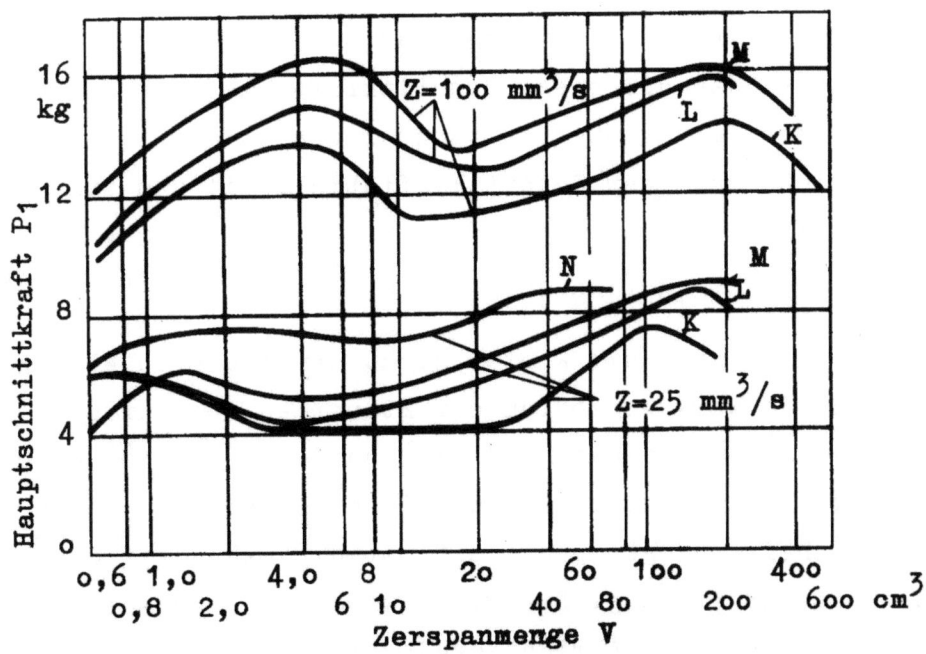

Abbildung 4

Kraftverlauf beim Längsschleifen

Längsschl: Scheibe: 400⌀x80 Werkst: Ck45 angel. 100⌀x100

Kühlung: Em 1:60 v_s=28 m/s v_w=0,3 m/s v_L=17 mm/s s=18,2 mm u=4,4

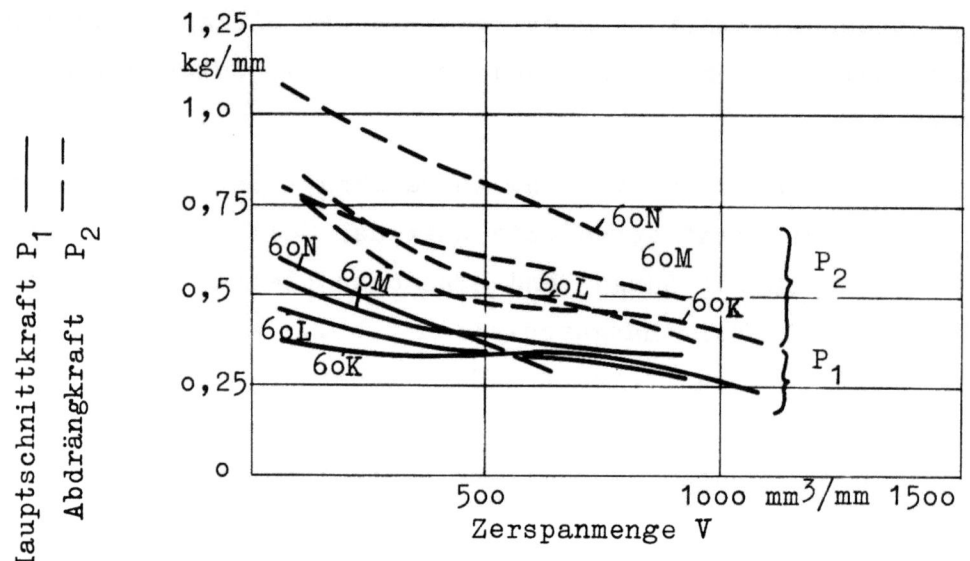

Abbildung 5

Kraftverlauf beim Einstechschleifen

Einstechschl: Scheibe: 400⌀x80 Werkst: Ck45 angel. 100⌀x15
Kühlung: Em 1:60 Z=2,0 mm³/mm·s v_s=28 m/s v_w=0,3 m/s

herausbrechen, wird sich der mittlere Kornabstand vergrößern, was ja auch durch den Anstieg der Rauhtiefe bestätigt wird. Der mittlere Spanquerschnitt wird also auch größer werden. Überträgt man nun die beim Drehen und Fräsen gefundenen Tendenzen, daß die spez. Schnittkraft, bezogen auf die Einheit des Spanquerschnittes, mit größerem Spanquerschnitt abfällt, auf das Schleifen, so erklärt sich damit der Schnittkraftabfall mit dem zunehmenden Verschleiß der Schleifscheibe.

2.3 Standzeit - Standvolumen

Um für einen Fertigungsgang die Kosten genau ermitteln zu können, ist es erforderlich, daß die Werkzeugkosten erfaßt werden. Darauf wird besonders von WITTHOFF [5] hingewiesen und SALJÉ [6] hat eine genaue Kostenermittlung beim Schleifen dargestellt. Die anfallenden Werkzeugkosten werden auf die gefertigte Einheit bezogen und somit ist die Standzeit des Werkzeuges Grundlage der Kostenermittlung. Definiert wird die Standzeit als die Bearbeitungszeit zwischen zwei Abrichtvorgängen. Da für die Kostenermittlung und die Kalkulation die Anzahl der in der Standzeit zu fertigenden Werkstücke betrachtet werden, ist es zweckmäßig, vom Standvolumen auszugehen; das ist das Werkstückvolumen, das sich innerhalb der Standzeit zerspanen läßt. Das Standvolumen ergibt sich aus dem Produkt aus Standzeit und Zerspanleistung: $v_T = Z \cdot T$

Aus den Abmessungen des Werkstückes und der Schleifzugabe errechnet sich die Zerspanmenge für ein Werkstück und die Standzahl durch Division von Standvolumen und Zerspanmenge pro Werkstück: $n = V_T/V_S$.

Wichtig war zunächst die Definition von geeigneten Ausgabekriterien für die Schleifscheibe. Beim Schleifen als Feinbearbeitungsverfahren liegt es nahe, die erzielte Oberfläche des Werkstückes als Kriterium heranzuziehen, und es wurden darum nach SALJÉ [7] ein Verhältnis des Rauhtiefenanstieges, bezogen auf die kleinste im Beharrungsbereich gemessene Rauhtiefe zu Grunde gelegt. Je nach der Anforderung kann dieses Verhältnis 1,25; 1,5 oder 2 sein. Darüberhinaus tritt nach einiger Zeit Rattern beim Schleifen auf. Das wird letztlich ausgelöst, durch den Zustand der Schleifscheibe, die ungleichmäßig verschleißen kann, und damit unrund wird, sowie durch Abstumpfung der schneidenden Körner. Der Zeitpunkt, an dem Rattern auftritt, hängt aber auch mit der Werkstückform und seiner Einspannung zusammen - ein stabiles Werkstück rattert später und mit kleinerer Amplitude als ein leichtes.- Außerdem ist die Art und Ausführung der Werkstückspindel und der Pinolenführung von maßgeblichem Einfluß auf die Ratterneigung. Der Zeitpunkt, bei dem Rattern auftritt - die Ratterstandzeit - kann nicht ohne weiteres auf andere Werkstückformen und andere Bearbeitungsmaschinen übertragen werden.

Schließlich wird noch eine Formstandzeit definiert, die etwa beim Profilschleifen die größte zulässige Abweichung vom Sollprofil infolge Verschleiß der Schleifscheibe als Kriterium hat. In Abbildung 6 sind verschiedene Standzeitkriterien gegenübergestellt. Bei der Untersuchung des Längsschleifens ergaben sich beträchtliche Streuungen der Standvolumina. Der große Zeitaufwand für die Standvolumenversuche ließ eine statistische Untersuchungsweise nicht zu. Ähnlich wie bei den anderen Meßwerten werden sich aber aus einer genügend großen Zahl von Versuchswerten auch für das Standvolumen klare Abhängigkeiten ergeben. Unter Vernachlässigung von offensichtlichen Ausreißern erkennt man jedoch, daß beim Längsschleifen das Standvolumen auf Grund des Rauhtiefenkriteriums im Bereich der untersuchten Zerspanleistungen von 12 .... 1oo mm^3/S konstant ist. Einzelne Einflußgrößen können jedoch das Standvolumen ändern; es steigt z.B. mit zunehmendem Werkstückdurchmesser bei sonst gleichen Bedingungen.

Beim Einstechschleifen war es möglich, verschiedene Abhängigkeiten des Standvolumens zu den Eingriffsbedingungen klarer zu erkennen, weil die Streuungen wesentlich geringer waren. Zurückgeführt wird dies auf die

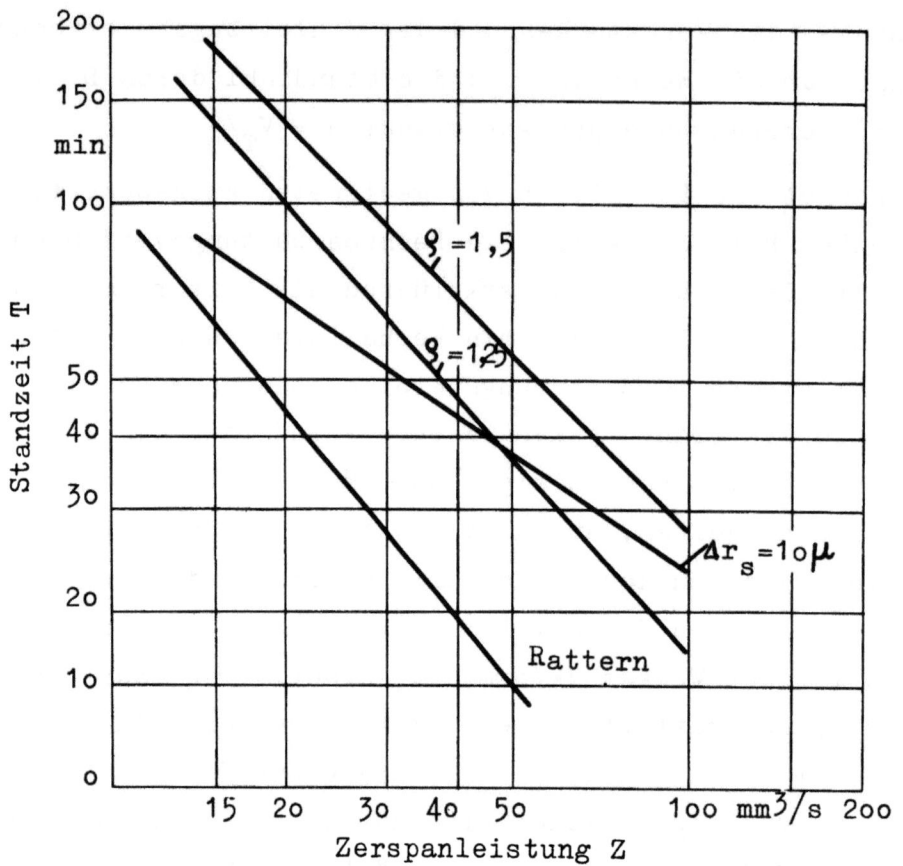

Abbildung 6
Standzeitkriterien beim Längsschleifen
Längsschl: Scheibe: 60L 400⌀x80 Werkst: Ck45 angel. 100⌀x15
Kühlung: Em 1:60 v_s=28 m/s v_w=0,3 m/s v_L=17 mm/s s=18,2 mm u=4,4

einfacheren Bewegungsverhältnisse; diese bewirken gleichmäßigere Veränderungen des Schleifscheibengefüges mit der Zeit.

Der stärkere Anstieg des Rauhtiefenverlaufes im Vergleich zum Längsschleifen wirkt sich beim Einstechschleifen in einer Abnahme des Standvolumens mit zunehmender Zerspanleistung aus. Schnitt- und Werkstückgeschwindigkeiten weisen für mittlere Werte optimale Standvolumina auf.

2.4 Der Scheibenverschleiß

Im Zusammenhang mit dem zeitlichen Rauhtiefenverlauf beim Einstechschleifen wurde bereits auf das Ausbrechen von Schleifkörnern hingewiesen. Da beim Schleifen von Baustahl die Anzahl der ausbrechenden Körner wesentlich kleiner ist, als die verbleibenden, wird der Durchmesser der Schleifscheibe durch diesen Vorgang wohl nicht verkleinert werden. Die Radiusabnahme der Schleifscheibe, die in den Versuchen ermittelt wurde, muß demnach durch das langsame Absplittern und Abstumpfen der Schleifkörner hervorgerufen werden. Sie war innerhalb einer Standzeit stets kleiner als eine Kornschichtdicke. Aus dieser Meßgröße wurde das Verschleißvolumen ermittelt. Darüberhinaus hat sich der spez. Scheibenverschleiß als das Verhältnis von verschlissenem Scheibenvolumen zum zerspanten Werkstoffvolumen $\sigma = \frac{S}{V}$ als Kenngröße eingeführt. Beide Größen ändern sich mit der Zeit. Der mittlere spez. Scheibenverschleiß von Baustahl liegt zwischen 1 .... 4 %. Die allgemeine Form für die Abhängigkeit des spez. Verschleißes von den Eingriffsbedingungen lautet:

$$(6) \qquad \sigma_m = \left(\frac{a \cdot s \cdot v_w}{v_s}\right)^{\varkappa} \cdot \text{const}$$

Der Exponent kann dabei sowohl positive als auch negative Werte annehmen. Für die Richtwertuntersuchungen stellt sich ein negativer Wert ein, d.h. Zähler und Nenner des Bruches werden vertauscht.

Der zeitliche Verlauf des Verschleißes zeigt für Längs- und Einstechschleifen gleiche Tendenzen. Gleich zu Beginn des Schleifvorganges zeigt sich eine große Verschleißgeschwindigkeit, die stark degressiv und nach kurzer Zeit geradlinig verläuft. Entsprechend fällt der spezifische Verschleiß von hohen Werten rasch auf niedrigere ab, um sich dann asymtotisch einem Kleinstwert zu nähern (Abb. 34 und 35).

Beim Längsschleifen verläuft der Zerspanungsvorgang im Gegensatz zum Einstechschleifen längs der Scheibenbreite nicht gleichmäßig. Der Verschleiß wird sich demnach auch ungleichmäßig über die Scheibenbreite verteilen, was die Untersuchung bestätigt hat. Aus Verschleißmessungen beim Längsschleifen erkennt man, daß sich längs der Scheibenbreite Stufen ausbilden, die in ihrer Länge genau dem Seitenvorschub entsprechen (Abb. 7). Die Höhe der Stufen, die abhängig von der Zustellung ist, bleibt über der Schleifdauer nahezu gleich; d.h. das "Profil" der Scheibe, das sich einmal eingestellt hat, erhält sich.

Man muß sich daher den Zerspanungsvorgang beim Längsschleifen so vorstellen, daß bei der frisch abgerichteten Schleifscheibe fast die gesamte Zerspanungsarbeit von der Kante in der Breite des Seitenvorschubes geleistet wird. Wenn der erste Teilabschnitt verschleißt, kann er nicht mehr den gesamten Zustellbetrag zerspanen, und der zweite Abschnitt übernimmt den

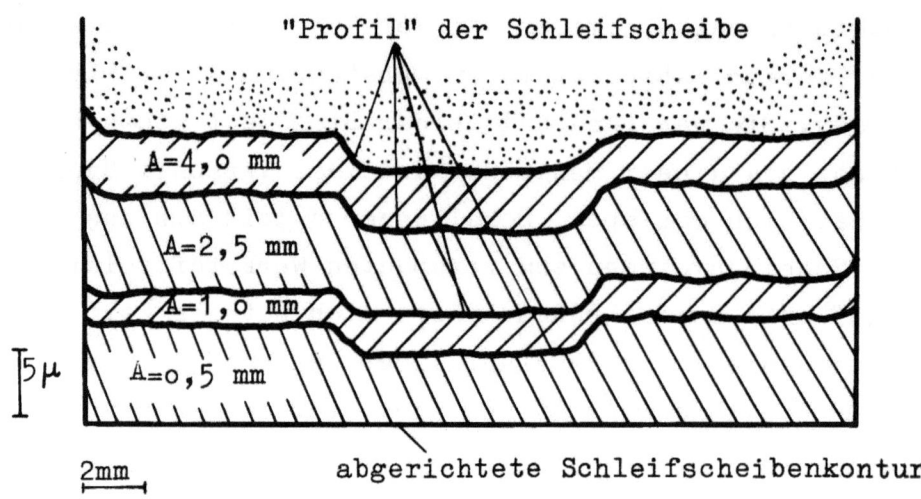

Abbildung 7

Verschleißform der Schleifscheibe beim Längsschleifen

Längsschl: Scheibe: Ek 60L 400⌀x24 Kühlung: Em 1:60 Werkst: Ck45

angel. 65⌀x100 $Z=20$ mm^3/s $v_s=28$ m/s $v_w=0,15$ m/s $v_L=58$ mm/s $s=8$ mm

$a=16,6\,\mu$/Hub $u=3$

Rest. Mit dieser Aufteilung in "Schrupp- und Schlichtbetrag" könnte der Rauhtiefenabfall erklärt werden. Die Scheibe wird bei beidseitiger Zerspanung zur Mitte hin weniger beansprucht, so daß die Rauhtiefe, die schließlich aus dem letzten Überschliff herrührt über einige Zeit konstant bleibt, bis auch der Verschleiß in dem "Schlichtabschnitt" so groß geworden ist, daß dem letzten Mittelabschnitt ein größerer Anteil an der Zerspanung übrigbleibt. Dadurch werden auch hier Körner ausbrechen, wodurch eine grössere Rauhtiefe erzeugt wird.

Auch der für das Längsschleifen bezeichnende sattelförmige Verlauf der Kräfte soll einmal unter diesem Gesichtspunkt betrachtet werden. Das Minimum fällt in vielen Fällen mit dem Beginn des Rauhtiefenbeharrungsbereiche zusammen. Zu diesem Zeitpunkt hat sich nach den vorhergehenden Betrachtungen der Verschleiß optimal über die Scheibenbreite verteilt. Dabei hat die anfangs größere Kraft den Verschleiß solange beschleunigt, bis sich dieser Punkt eingestellt hat, Verschleiß und Kraft in einen Gleichgewichtszustand gekommen sind, und die Kraft selbst minimal geworden ist. Der erneute langsame Anstieg der Kraft deutet auf eine Verschiebung der Zerspanungsanteile innerhalb des Rauhtiefenbeharrungsbereichs hin, die dann nach der Annahme von der spez. Schnittkraft wieder kleiner wird.

Forschungsberichte des Wirtschafts- und Verkehrsministeriums Nordrhein-Westfalen

Die Tatsache, daß beim Schleifen mit frisch abgerichteter Scheibe oft Brandmarken auf dem Werkstück entstehen, die nach kurzer Schleifzeit wieder verschwinden, läßt sich gut mit der anfangs großen Zerspanleistung der Schleifscheibenkante erklären. Vorschubtiefen auf dem Werkstück rühren schließlich auch von dem "Profil" der Schleifscheibe und der möglichen Durchbiegung der Schleifspindel unter der Wirkung der Schleifkraft her.

2.5 Einfluß von Emulsions- und Ölkühlung

Es wurden Vergleichsversuche zwischen Emulsions- und Ölkühlung durchgeführt. Hier gilt, daß sich die Rauhtiefen besonders bei höheren Zerspanleistungen durch Ölkühlung wesentlich verbessern lassen. Auch das Standvolumen der Schleifscheibe wurde erhöht, was im Zusammenhang steht mit kleineren auftretenden Kräften und geringerem Verschleiß. Erwähnt werden muß jedoch die durch Wärmeentwicklung und Versprühen durch die Scheibe hervorgerufene Ölrauch- und Nebelbildung, die nicht nur den Bedienungsmann stark belästigten, sondern die nähere Umgebung der Schleifmaschine mit einem Ölfilm bedeckte. Die geringere Wärmeabfuhr durch das Öl beeinflußt, zudem die Maßgenauigkeit des Werkstückes, das je nach Schleifzugabe bis zu 30 ^{o}C wärmer wurde. Diese Tatsache wirkt sich besonders bei Verwendung eines automatischen Meß- und Steuergerätes aus, wo die Maschine durch das vom Meßgerät ermittelte Maß des Werkstückes gesteuert wird.

Wenn die Verwendung von Öl als Kühlmittel erwogen wird, so ist den offensichtlichen Vorteilen immer der Aufwand gegenüberzustellen, der durch das Anbringen einer geeigneten Absaugvorrichtung und ggf. Kühlanlage für das Öl entsteht.

3. Versuchsdurchführung

Sämtliche Versuche wurden auf einer Rundschleifmaschine Fortuna U S E 1000 durchgeführt. Die Schleifspindeldrehzahl war stufenlos einstellbar durch Gleichstromnebenschlußmotor. Tischgeschwindigkeit und Einstechzustellung waren hydraulisch stufenlos Werkstückdrehzahl über Stufenrädergetriebe in 8 Stufen und Zustellung beim Längsschleifen in Stufen von 2,5 μ einstellbar. Die Werkstücke zum Längs- und Einstechschleifen wurden auf Mutterdornen in Bohrungen aufgenommen; mit Ausnahme der Einstechproben von 18 und 36 mm Durchmesser; die mit Mitnehmerzapfen versehen waren. Allen Versuchen lagen gleiche Abrichtbedingungen zu Grunde: Tischgeschwindigkeit 0,15 m/min entsprechend 0,01 mm/Umdr. Die statisch ausgewuchtete Schleifscheibe wurde zweimal mit Zustellbeträgen von 0,15 mm, einmal mit 0,05 und anschließend ohne erneute Zustellung abgerichtet. Kühlmittel, Emulsion bzw. Öl, wurde in reichlichem Strahl zugeführt. Mischungsverhältnis der Emulsion 1:60, Fabrikat "Oemeta". Schneidöl: Fabrikat "Shell, Macron 21". Werkstoff CK 45 Anlieferungszustand. Schleifscheiben: Normalkorund, Körnung 60, Härten K L M und N.

Die Querrauhtiefen wurden mit Leitz-Rauhtester und Leitz Forster gemessen. Aus den Meßwerten an verschiedenen Stellen des Umfanges und der Mantellinien des Werkstückes wurde ein Mittelwert gebildet.

Die Tangentialkraftmessung erfolgte über die Leistungsaufnahme des Schleifspindelantriebmotors, dessen Drehmomentkennlinie mit einem Pronyzaum ermittelt wurde, so daß sich unter Berücksichtigung der Schleifscheibenradius aus dem Drehmoment die Tangentialkraft errechnen läßt. Die Messung der Normalkraft wurde mit Hilfe von Drehungsmeßstreifen möglich, die auf besondere Körnerspitzen aufgebracht wurden.

Um den Verschleiß der Scheibe zu messen, wurde in ein dünnes Blech die Kontur der Scheibe eingeschliffen, als Bezugspunkt diente eine Rille, die mit dem Diamanten in die Scheibe eingedreht war. Das Blech ließ sich mit großer Genauigkeit mit Hilfe des Leitz-Forstergerätes abtasten.

Tabelle 1 gibt einen Überblick über das gesamte Versuchsprogramm mit sämtlichen Varianten. Alle Kombinationen konnten nicht untersucht werden. Das Programm wurde deshalb nach Grundversuchswerten (schraffierte Werte) aufgebaut und davon verschiedene Größen einzeln variiert.

Die Richtwerte wurden nach Reihen- und Standzeitversuchen aufgeteilt. Bei den Reihenversuchen beim Längsschleifen wurde eine Vielzahl von Einstellbedingungen jeweils bis zu dem Zeitpunkt, bei dem der Rauhtiefenbeharrungsbereich mit Sicherheit erreicht war, geschliffen und Rauhtiefe und Tangentialkraft gemessen. Die Standzeitversuche beim Längsschleifen waren sehr zeitraubend, da bis zum restlosen Ausgeben der Schleifscheibe durch starkes Rattern geschliffen wurde; nach bestimmten Abständen wurden Rauhtiefe, Kräfte und Scheibenverschleiß gemessen. Dem fehlenden Beharrungsbereich beim Einstechschleifen Rechnung tragend, wurden hier ausschließlich Standzeitversuche gefahren.

Tabelle 1

Versuchsprogramm für das Längs- und Einstechschleifen

Längsschleifen

Scheibe	60 K	60 L	60 M	60 N	
Kühlm.	Emulsion 1:60		Öl		
v_s	24		28	32	m/s
b_s	20		40	80	mm
d_s	280			400	mm
d_w	60		100	160	mm
l_w	100		400		mm
v_w	0,15		0,3	0,5	m/s
v_l	4,2	8,5	17	34	mm/s
u	1,1	2,2	4,4	8,8	17	34	
Z	3,1	6,25	12,5	25	50	100	150	mm³/s

Einstechschleifen

Scheibe	60 K	60 L	60 M	60 N	
Kühlm.	Emulsion 1:60		Öl		
V_s	19	28		36	m/s
d_w	18	36	72	100	160	mm
v_w	0,15	0,3	0,4	0,5	0,8	m/s
l_w	15					mm
Z	0,75	1,0	1,5	2,0	3,0	mm³/mm·s

4. Auswertung der Versuchsreihen

Nachdem in den vorliegenden Ausführungen auf Definitionen und einige allgemeine Gesichtspunkte eingegangen wurde, soll nun über die zahlenmäßige Auswertung der Richtwertuntersuchungen gesprochen werden.

Für eine festliegende Werkstoff-Schleifscheibenpaarung wird die Rauhtiefe im wesentlichen durch die Größen, Schleifscheibengeschwindigkeit, Zerspanleistung und Überschliffzahl bestimmt.

4.1 Die Rauhtiefen

Die Rauhtiefenmessungen bei den Richtwertuntersuchungen ließen sich nach diesen Größen auflösen und in Form von Nomogrammen darstellen. Abbildung 8 gibt die Auswertung der Rauhtiefen beim Längsschleifen wieder. Für jede untersuchte Scheibenhärte lassen sich aus diesen Diagrammen die Rauhtiefen im Beharrungsbereich ermitteln (s. Abb. 2). Bei der Anwendung der Diagramme ist der angegebene Geltungsbereich zu berücksichtigen.

Den Einfluß der Scheibenhärte zeigt Abbildung 9. Daraus geht hervor, daß die Scheiben mit den Härten M und L die geringste Rauhtiefe ergaben. Weiterhin wird die Rauhtiefe durch die Scheibenhärte bei geringen Zerspanleistungen weniger beeinflußt als bei großen. Das bedeutet, daß die Auswahl geeigneter Schleifscheiben bei großen Zerspanleistungen besonders sorgfältig geschehen muß. Der Einfluß der Überschliffzahl wird in Abbildung 10 noch einmal getrennt herausgestellt. Man erkennt, daß die Rauhtiefenverbesserung zunächst stärker ist als im Bereich großer Überschliffzahlen. Die Überschliffzahl ergibt sich aus den Größen Scheibenbreite, Werkstückdrehzahl und Längsgeschwindigkeit. Ein und dieselbe Überschliffzahl läßt sich also durch verschiedene Kombinationen dieser Größen erreichen. Die Versuche ergaben, daß sich die dargestellten Kurven sehr gut reproduzieren, gleichgültig, welche Kombination gewählt wurde.

Aus Abbildung 11 erkennt man schließlich die Rauhtiefenverbesserung bei Anwendung von Öl als Kühlmittel. Ein wesentlicher Einfluß macht sich hier bei kleiner Überschliffzahl bemerkbar und zwar zunehmend mit der Zerspanleistung.

Für das Einstechschleifen stellt sich kein Beharrungsbereich ein, wie beim Längsschleifen; vielmehr steigt die Rauhtiefe mit der Schleifdauer an. In Abbildung 3 sind die Punkte für $\varrho = 1,25$ eingezeichnet, d.h. hier hat

Forschungsberichte des Wirtschafts- und Verkehrsministeriums Nordrhein-Westfalen

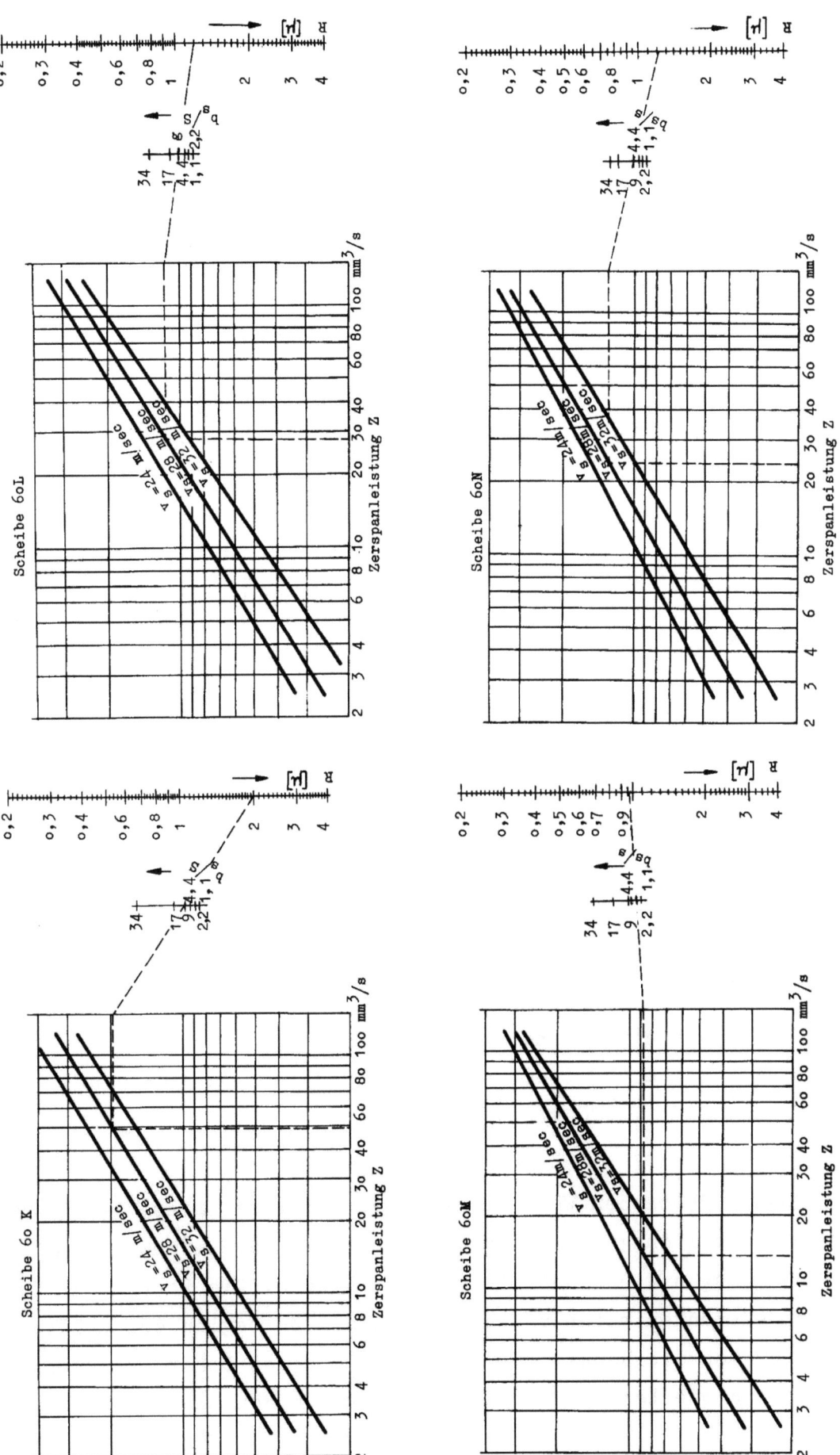

Abbildung 8

Rauhtiefen beim Längsschleifen

Gültig für Ck45 angel., Kühlung: Emuls. 1:60, $d_W = 60...120$ mm, $v_W = 0,15...05$ m/s, $d_S = 350...400$ mm

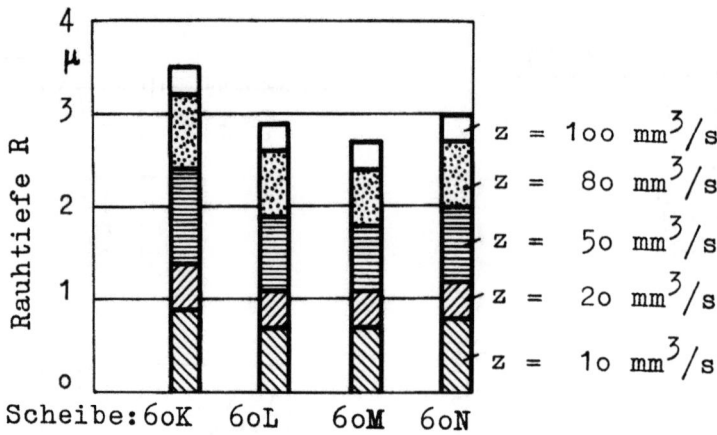

Abbildung 9

Rauhtiefen für verschiedene Scheibenhärten

Längsschleifen Scheibe 400∅x80 Werkst. Ck 45 angel. 100∅x100

Kühlung Em 1:60 v_s=28 m/s u=4,4

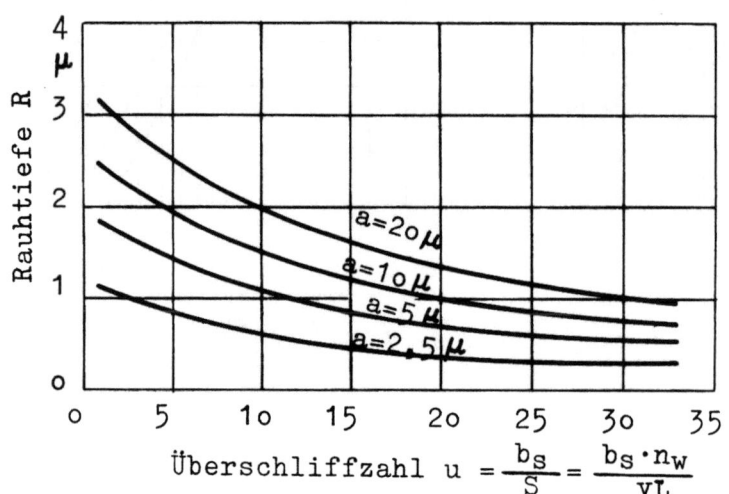

Abbildung 10

Rauhtiefe und Überschliffzahl

Längsschleifen Scheibe 60L 400∅x80 Werkst. Ck45 angel. 100∅x100

v_s=28 m/s v_w=0,3 m/s

die Rauhtiefe den 1,25-fachen Wert der Anfangsrauhtiefe. Diese Werte wurden den Diagrammen in Abbildung 12 zu Grunde gelegt, aus denen man auf Grund der Einstellbedingungen die Rauhtiefe ermitteln kann. Die Rauhtiefenverbesserung durch Ausfunken blieb unberücksichtigt. Zu Beginn des Schleifvorganges liegen also die Rauhtiefen unter den aus den Diagrammen ermittelten Werten, während sie bei der Wahl eines größeren Rauhtiefenkriteriums

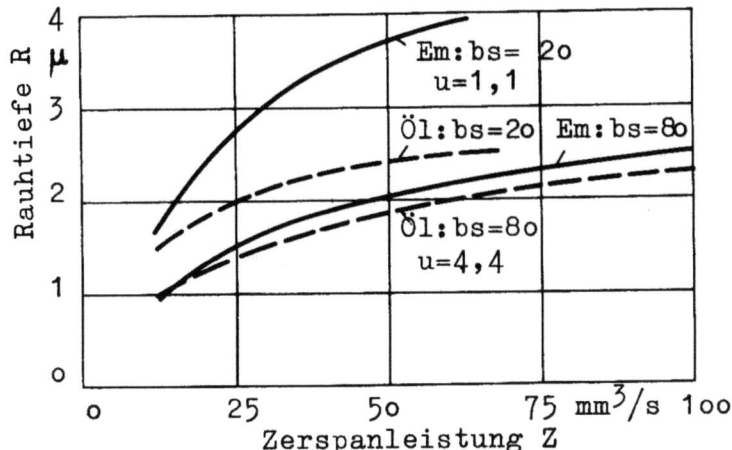

Abbildung 11

Einfluß der Kühlung auf die Rauhtiefe

Längsschleifen Scheibe 6oL 400⌀x80 Werkst. Ck45 angel. 1oo⌀x1oo

v_s=28 m/s v_w=o,3 m/s v_L=17 mm/s   s=18,2 mm

noch weiter ansteigen. Man erkennt, daß die Festlegung von Rauhtiefenwerten beim Einstechschleifen nur sinnvoll ist, in Verbindung mit den Standvolumenkurven, weil aus diesen hervorgeht, bei welcher Zerspanmenge die Grenze des ermittelten Wertes liegt. Der Einfluß der Scheibenhärte auf die Rauhtiefe (Abb. 13) ändert sich nicht so stark mit den Zerspanleistungen, wie beim Längsschleifen. Das Optimum liegt jedoch bei beiden Verfahren bei den Scheibenhärten M und L.

Darüberhinaus unterscheiden sich die Scheibenhärten durch abweichenden Rauhtiefenverlauf (Abb. 14). Aus diesem Diagramm folgt, daß die weichste mit K bezeichnete Schleifscheibe den günstigsten Verlauf ergibt, während bei der härtesten Scheibe (N) die Rauhtiefe sehr rasch zunimmt.

Die Schnittgeschwindigkeiten sind in den Diagrammen Abbildung 12 bereits enthalten. Abbildung 15 läßt jedoch erkennen, daß neben der absoluten Höhe der Rauhtiefenwerte auch der Anstieg der Rauhtiefe mit der Schleifzeit bei der Geschwindigkeit von 19 m/s größer wird. Die Werkstückgeschwindigkeit, die zu Beginn der Schleifzeit keinen nennenswerten Einfluß auf die Rauhtiefe hat, bewirkt verschieden starke Anstiege (Abb. 16). Die flachste Kurve ist die günstigste für den Schleifvorgang bezüglich Standzeit; sie ergab sich bei einer Werkstückgeschwindigkeit von etwa o,3 m/s. Ein solcher Optimalwert ist nur möglich, wenn mehrere Einflußgrößen in verschiedenen Richtungen auf das Schleifergebnis wirken. In diesem Falle bewirkte die

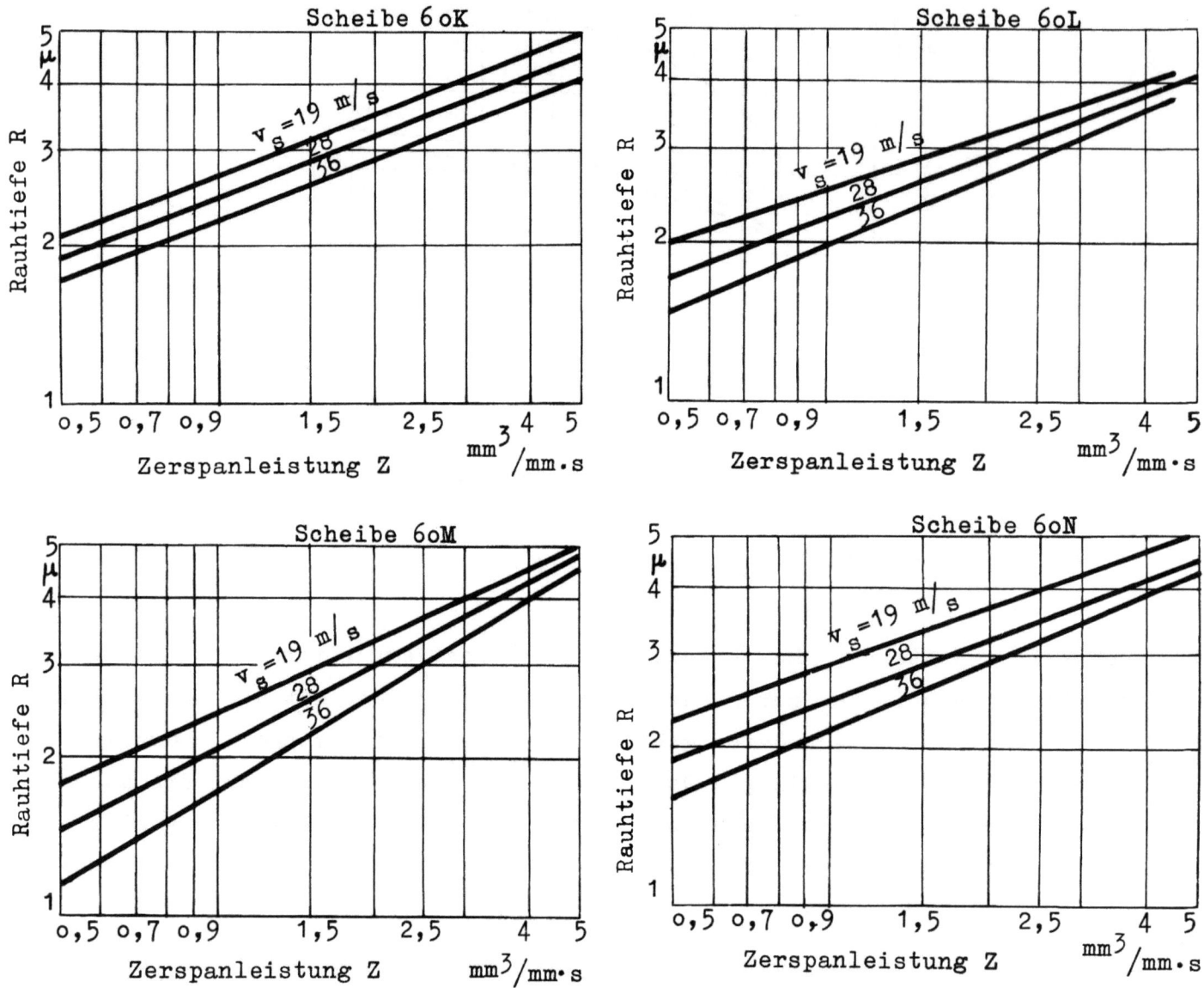

Abbildung 12
Die Rauhtiefen beim Einstechschleifen

gültig für Werkst. Ck45 angel. d_w=7o..1oo$\emptyset$ v_w=o,15...o,5 m/s Kühlg. Em 1:6o

zunehmende Werkstückgeschwindigkeit eine größere mittlere Spantiefe. Da jedoch die Wärmeenergie pro Flächeneinheit des Werkstückes mit zunehmender Werkstückgeschwindigkeit abnimmt, ist die Wärmeabfuhr durch das Werkstück besser und die thermische Beanspruchung des Schleifkornes geringer. Damit läßt sich der geschilderte Verlauf zunächst erklären.

4.2 Die Kräfte

Auch die Kräfte ließen sich in Form von Leitertafeln geschlossen darstellen. Abbildung 17 gibt die Hauptschnittkraft beim Längsschleifen wieder.

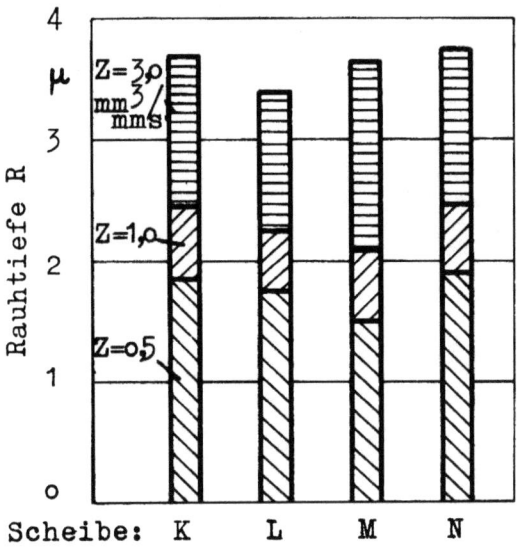

Abbildung 13

Rauhtiefen für verschiedene Scheibenhärten beim Einstechschleifen

Einstechschl: Scheibe: 400⌀x80 Werkst: Ck45 angel. 100⌀x15

Kühlung: Em 1:60 v_s=28 m/s q =1,25

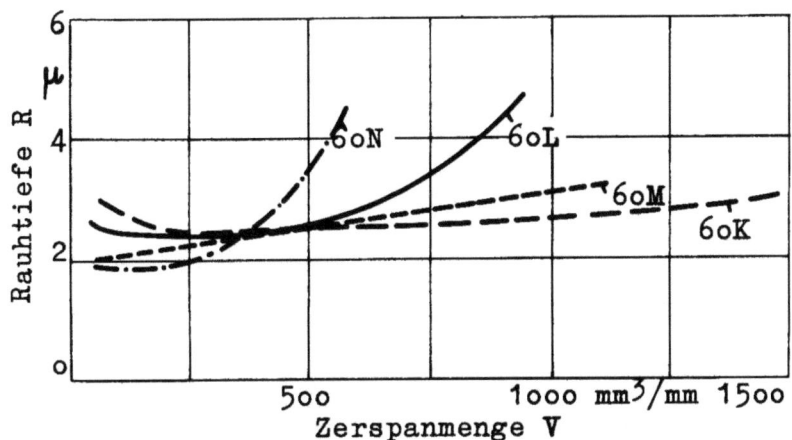

Abbildung 14

Rauhtiefenverlauf für verschied. Scheibenhärten beim Einstechschleifen

Einstechschl: Scheibe: 400⌀x80 Werkst: Ck45 angel. 100⌀x15

Kühlung: Em 1:60 v_s=28 m/s v_w=0,3 m/s Z=1,5 mm^3/mm.s

Diese Leitertafel enthält auf der linken Seite die allgemeingültige Rechentafel zur Ermittlung der Zerspanleistung. Von hier läßt sich unter Berücksichtigung der Scheibenhärte die Hauptschnittkraft ablesen. Das Diagramm ist für den angegebenen Bereich gültig, wobei die Schleifscheibengeschwindigkeit durch einen Faktor $\frac{28}{v_s}$ zum ermittelten Wert zu berücksichtigen ist.

Seite 25

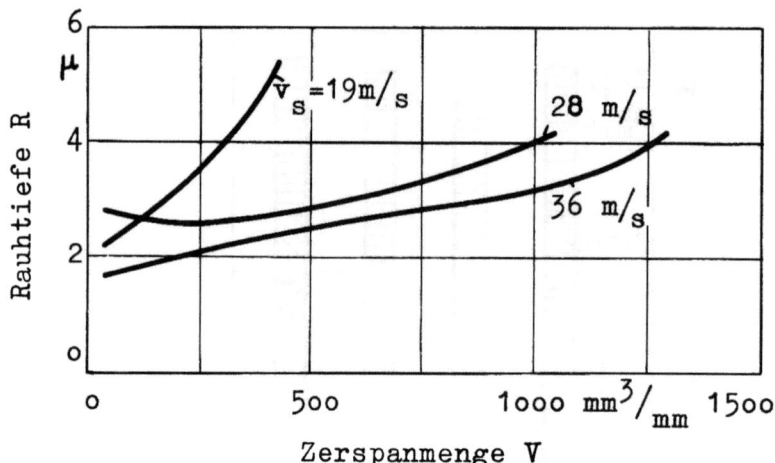

Abbildung 15

Rauhtiefenverlauf für versch. Schnittgeschw.

Einstechschl: Scheibe 6oL 400⌀x80 Kühlung: Em 1:6o Werkst: Ck45
angel. 100⌀x15 Z=2,0 mm³/mm·s v_w=0,27 m/s

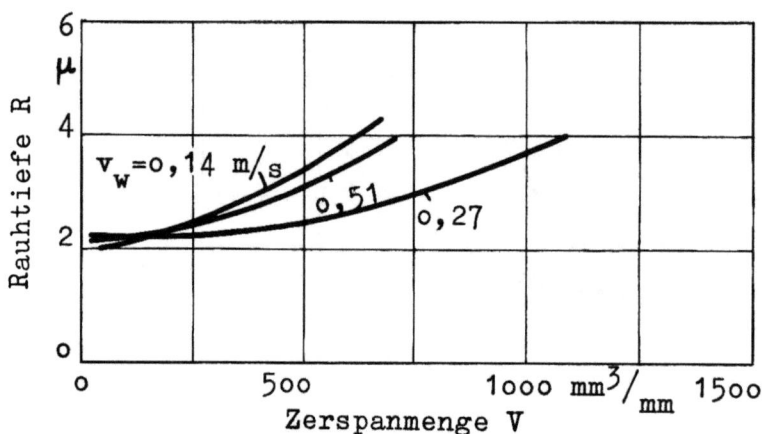

Abbildung 16

Rauhtiefenverlauf für versch. Werkstückgeschw.

Einstechschl: Scheibe 6oL 400⌀x80 Kühlung: Em 1:6o Werkst: Ck45
angel. 100⌀x15 Z=1,5 mm³/mm·s v_s=28 m/s

Die Kraftmessungen sind mit Streuungen behaftet, die sich trotz sorgfältigster Versuchsdurchführung nicht vermeiden ließen. In Abbildung 18 werden die im Versuch ermittelten Werte mit denen, die sich aus der Leitertafel ergeben, verglichen. Man erkennt, daß die Streuwerte sich symmetrisch verteilen, womit erwiesen ist, daß die errechneten Werte einem statistischen Mittelwert entsprechen Schließlich wird die Streuung mit größerer Kraft bzw. bei größerer Zerspanleistung geringer.

Forschungsberichte des Wirtschafts- und Verkehrsministeriums Nordrhein-Westfalen

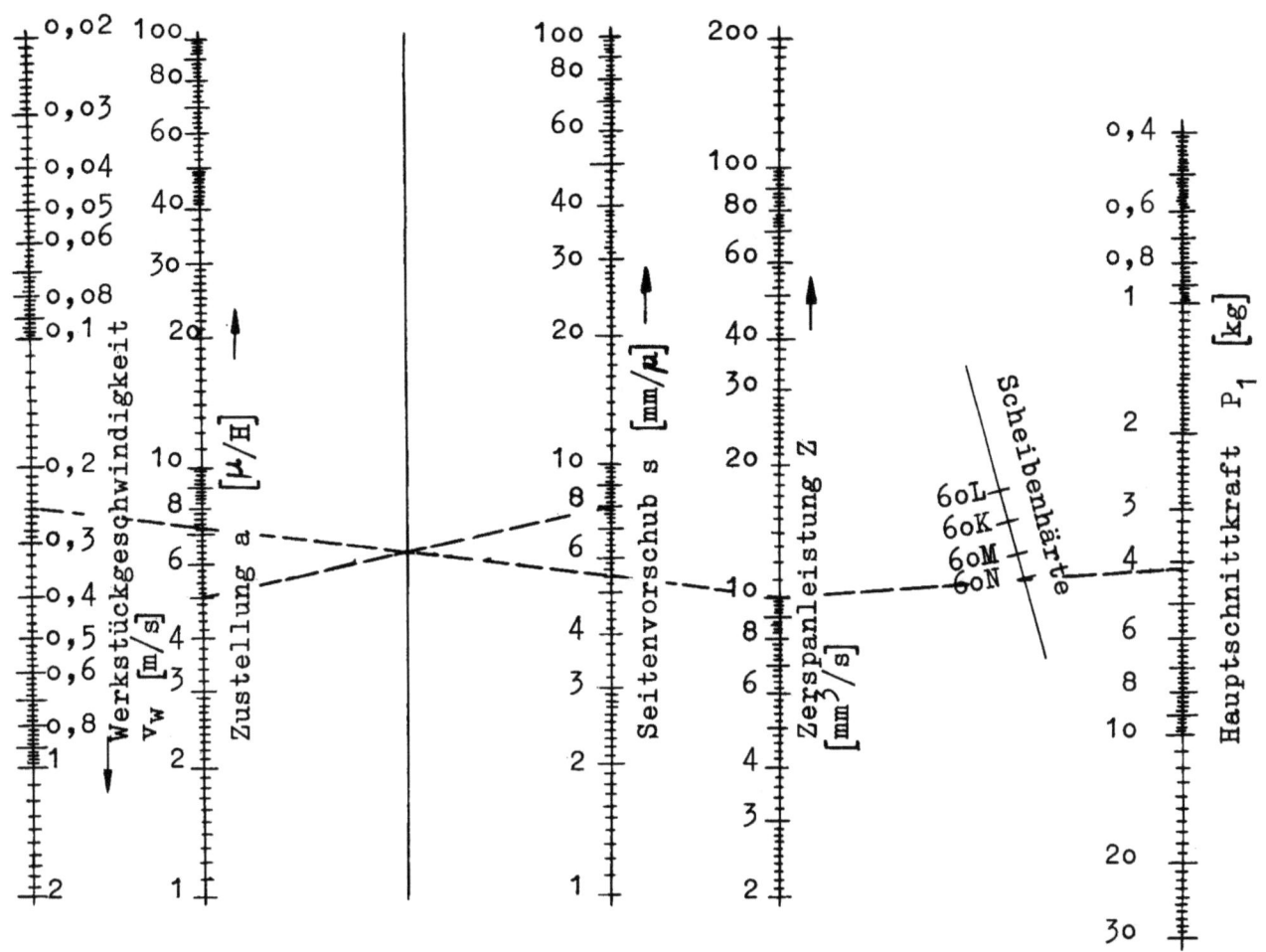

Abbildung 17

Kräfte beim Längsschleifen

Gültigkeitsbereich: Werkstoff: Ck45 angel.
                    Kühlung: Emuls. 1:6o
                    Scheibengeschw.: 24...32 m/sec
                    Werkstückdurchm.: 75...11o mm
                    Schleifscheibend.: 35o...4oo mm

Die Scheiben liegen nicht in der Rangfolge ihrer Härte. Das wird besonders in Abbildung 19 verdeutlicht. Mit zunehmender Zerspanleistung unterscheiden sich die Scheibenhärten stärker.

In Abbildung 2o ist eine Darstellung der Hauptschnittkräfte gewählt, aus der hervorgeht, daß neben der Zerspanleistung die Einzelgrößen eine geringe Beeinflussung ausüben. Da die Zerspanleistung und die Überschliffzahl funktionell verknüpft sind, lassen sich nur durch eine große Anzahl von Versuchen, die das vorliegende Programm überschritten hätten, klare Trennungen der Einzelgrößen erreichen. Zum Teil lassen sich diese Beeinflussungen zur Erklärung der Streuwerte heranziehen; es war jedoch nicht möglich,

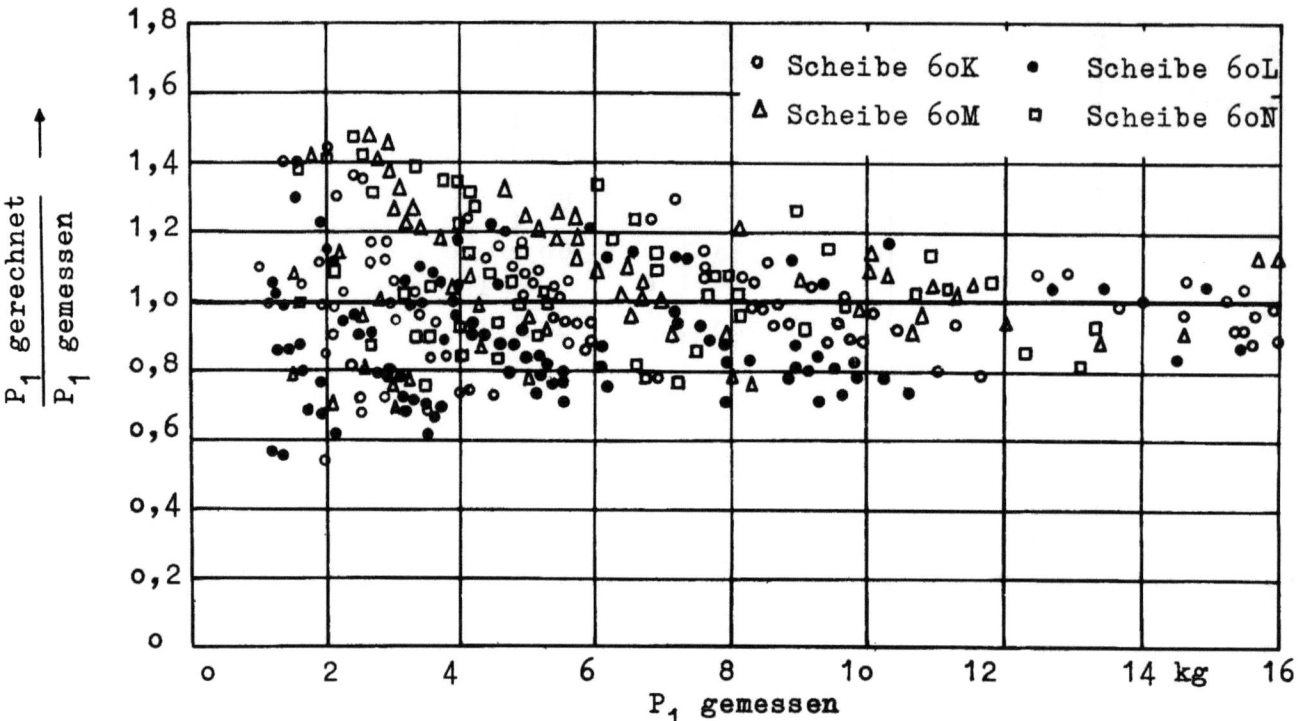

Abbildung 18
Streufeld bei der Kraftmessung

die Streuwerte bestimmten Tendenzen zuzuordnen. Abbildung 21 gibt den zahlenmäßigen Schnittkraftabfall durch Ölkühlung wieder. Die Differenz ist nahezu unabhängig von der Zerspanleistung.

In Abbildung 22 wird das Verhältnis von Abdrängkraft zur Hauptschnittkraft wiedergegeben. Das Verhältnis ist innerhalb des eingezeichneten Streubereiches für alle Scheiben gleich. Da sich die Abdrängkraft nach den gleichen Gesetzen ändert, wie die Hauptschnittkraft, errechnet sich die Normalkraft aus diesen Werten durch Multiplikation mit dem Verhältniswert.

Aus Abbildung 23 ermittelt sich die Hauptschnittkraft beim Einstechschleifen. Die Werte sind auf 1 mm Scheibenbreite bezogen. Der Einfluß der Schnittgeschwindigkeit wird in gleicher Weise berücksichtigt, wie beim Längsschleifen. Aus dem Diagramm erkennt man bereits, daß die Scheibenhärten sich hier anders auswirken, als beim Längsschleifen. Das wird verdeutlicht in Abbildung 24. Hier steigt die Kraft mit zunehmender Scheibenhärte; bei großer Zerspanleistung ist der Anstieg stärker. Analog zum Längsschleifen ist auch der Kraftabfall bei Anwendung von Ölkühlung (Abb. 25). Das gleiche gilt für das Verhältnis von Abdrängkraft zur Hauptschnittkraft, was in Abbildung 26 dargestellt wird.

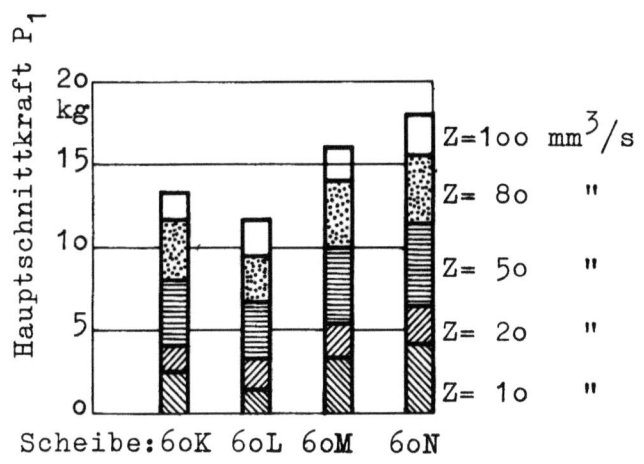

Abbildung 19
Hauptschnittkraft für verschiedene Scheibenhärten

Längsschleifen Scheibe 400 ⌀ x 80
Werkst. Ck45 angel. 100 ⌀ x 100
Kühlung Em 1:60, v_s=28 m/s, u=4,4

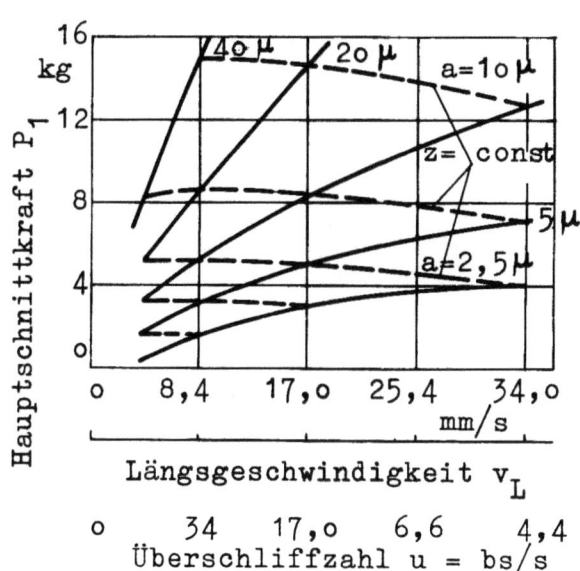

Abbildung 20
Hauptschnittkraft und verschiedene Eingriffsbedingungen

Längsschleifen Scheibe 60K 100⌀x80
Werkst. Ck45 angel. 100⌀x100 Kühlg.
Em 1:60 v_s=28 m/s, v_w=0,5 m/s

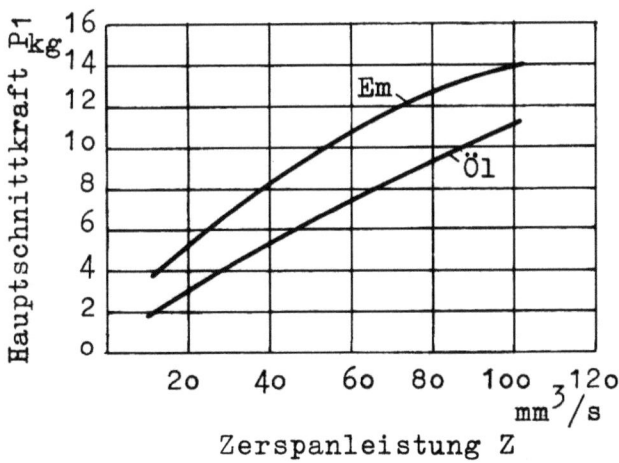

Abbildung 21
Einfluß des Kühlmittels auf die Hauptschnittkraft

Längsschleifen Scheibe 60L 400⌀x80
Werkst. Ck45 angel. 100 ⌀ x 100
v_s=28 m/s v_w=0,3 m/s v_L=17 mm/s u=4,4

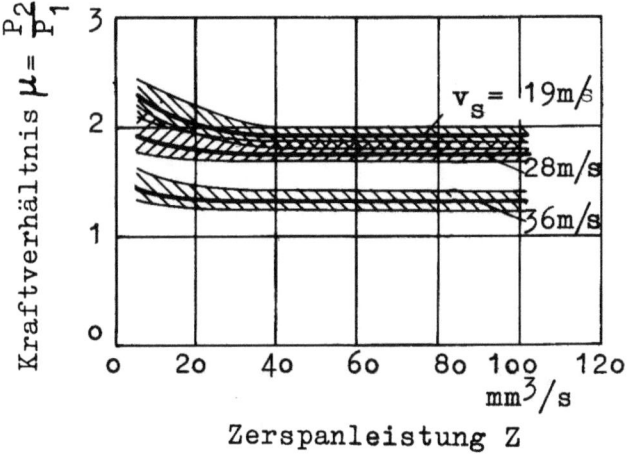

Abbildung 22
Verhältnis von Abdrängkraft zur Hauptschnittkraft

Längsschleifen Scheibe 60K,M,N,
400⌀x80 Werkst. Ck45 angel.100⌀x100
Kühlung Em 1:60 v_w=0,12...0,5 m/s
v_L=4,2...34 mm/s

Forschungsberichte des Wirtschafts- und Verkehrsministeriums Nordrhein-Westfalen

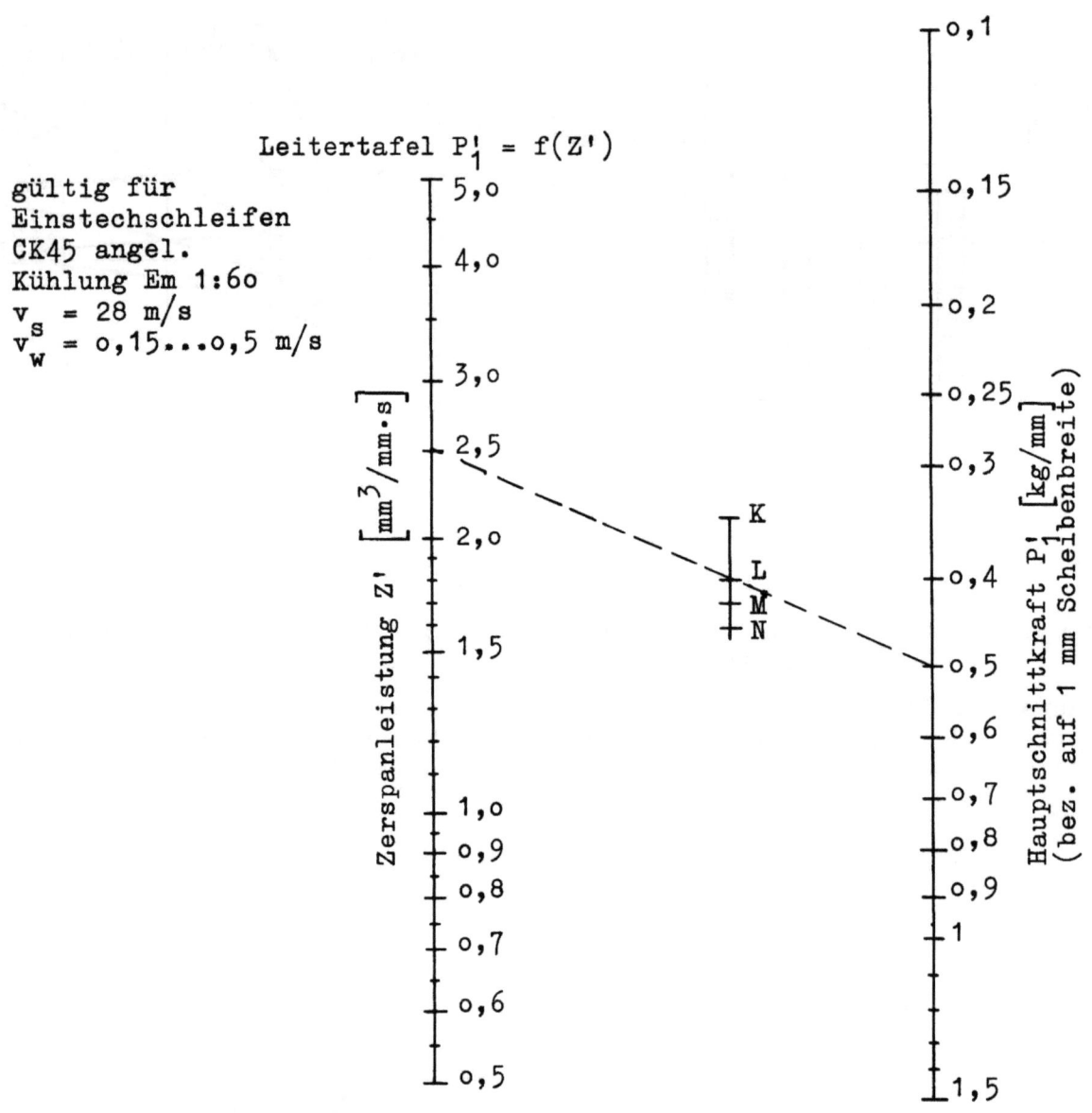

Abbildung 23
Kräfte beim Einstechschleifen

4.3 Standvolumina

Es wurde bereits erwähnt, daß sich das Standvolumen beim Längsschleifen nicht in klare Gesetzmäßigkeiten fassen ließ, und eine Darstellung in Form von Diagrammen darum nicht möglich ist. Tabelle 2 gibt an Stelle dessen für alle Standvolumenversuche die Werte wieder und zwar für die Kriterien $\varrho = 1,25$; $\varrho = 1,5$ und Auftreten von Rattern.

Nun läßt sich aus der Tabelle unter Vernachlässigung von oft erheblichen Ausreißern entnehmen, daß sich das Standvolumen entweder nur sehr gering mit der Zerspanleistung ändert, oder oftmals für eine Standvolumenreihe

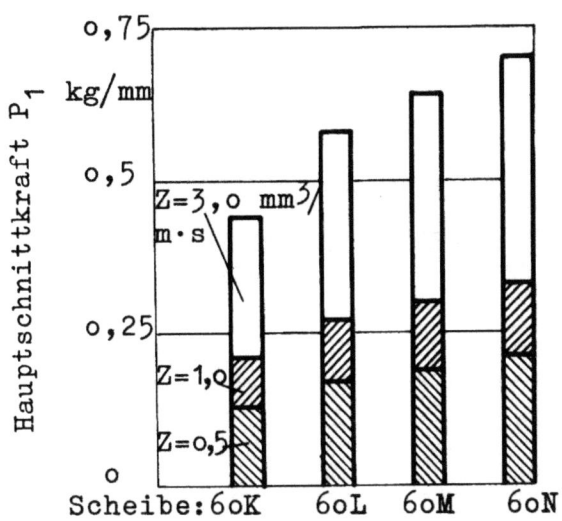

Abbildung 24

Hauptschnittkraft für verschiedene Scheibenhärten

Einstechschleifen Scheibe 400⌀x80 Werkst. Ck45 angel. 100⌀x15

Kühlung Em 1:60 v_s=28 m/s q=1,25

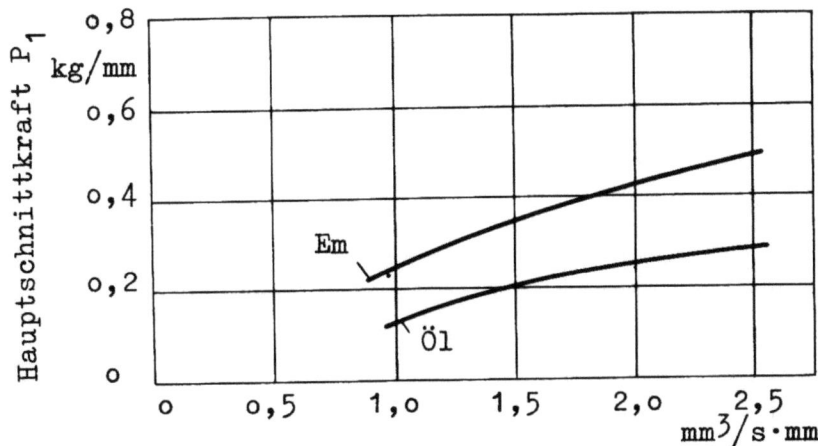

Abbildung 25

Einfluß des Kühlmittels auf die Hauptschnittkraft

Einstechschleifen Scheibe 60L 400⌀x80 Werkst. Ck45 angel. 100⌀x15

v_s=28 m/s v_w=0,24 m/s

konstant ist. Dieser mittlere Wert des Standvolumens ist in der Tabelle als Endwert einer jeden Reihe aufgeführt. Legt man diese Werte zu Grunde, so lassen sich die in Abbildung 27 dargestellten Zusammenhänge zwischen Standvolumen und Scheibenbreite aufstellen. Danach ist für q = 1,25 fast eine Proportionalität der beiden Größen vorhanden, während nach den beiden

Tabelle 2

Standvolumenversuche mit der Schleifscheibe 60 L
Werkstoff Ck 45 angeliefert

ϑ_s	v_w	v_l	Z	a	d_w	b_s	u	Emuls. 1:60			Öl		
								$V_{T1,25}$	$V_{T1,5}$	$V_{T_{ratt}}$	$V_{T1,25}$	$V_{T1,5}$	$V_{T_{ratt}}$
m/s	m/s	mm/s	mm³/s	/Hub	mm	mm		cm³	cm³	cm³	cm³	cm³	cm³
28	0,17	17	8	2,5	60	80	4,4	48	75	22	28	-	50
			16	5				48	60	32	133	194	66
			32	10				140	-	38	123,5	148	80
			64	20				47	95	38	114	192	68
								48	70	35	120	180	65
28	0,29	17	12,5	2,5	100	80	4,4	96	120	68	-	-	100
			25	5				244	-	75	280	-	110
			50	10				116	182	70	-	-	122
			100	20				95	112	100	-	-	48
								100	120	70	-	-	100
28	0,17	17	8	2,5	60	40	2,2	28	67	22	24	100	38
			16	5				28	57	30	24	110	63
			32	10				23	47	32	19	48	57
			64	20				10,5	22	38	96	145	57
								25	57	32	25	110	60
28	0,29	17	12,5	2,5	100	40	2,2	47	80	51	47	-	66
			25	5				40	80	63	40	320	91
			50	10				9	19	38	158	320	57
			100	20				7,2	12	14,5	36	75	9,6
								40	75	45	42	300	80
28	0,17	17	8	2,5	60	20	1,1	19	57	22	134	146	23,4
			16	5				11,5	44	27	2,3	5,7	30,5
			32	10				7,6	19	27	2,3	10,5	34
			64	20				6	12	4,8	—	—	—
								12	25	25	-	-	30
28	0,29	17	12,5	2,5	100	20	1,1	40	80	385	4,7	80	50
			25	5				20	63	46	4,7	80	107
			50	10				9	16	12	5	7,5	85
			100	20									
								26	60	40	5	80	85
24	0,29	17	12,5	2,5	100	80	4,4	-	-	55			
			25	5				160	182	82			
			50	10				160	375	91			
			100	20				152	230	112			
								158	240	85			
32	0,29	17	12,5	2,5	100	80	4,4	140	-	38			
			25	5				140	-	41			
			50	10				115	150	35			
								130	150	35			

Tabelle 2 (Fortsetzung)

Schleifscheibe 60 M, Werkstoff Ck 45 angeliefert

Kühlung: Emulsion 1 : 60

v_s	v_w	v_l	Z	a	d_w	b_s	u	$V_{T1,25}$	$V_{T1,5}$	$V_{T_{ratt}}$
28	0,29	17	25	5	100	80	4,4	230	-	180
			50	10				200	-	188
			100	20				264	-	156
								230	-	175
28	0,29	8,5	12,5	5	100	80	8,8	150	162	120
			25	10				-	-	150
			50	20				300	340	136
								-	-	136
24	0,17	17	8	2,5	60	80	4,4	11,8	23,8	12,2
			16	5				25,8	-	18,8
			32	10				28,0	33	24,0
			64	20				50,0	100	29
								30	40	22
24	0,29	8,5	12,5	5	100	80	8,8	94	118	54
			25	10				154	-	70
			50	20				250	190	88
								-	-	70
32	0,17	17	8	2,5	60	80	4,4	-	-	11,5
			16	5				-	-	5,6
			32	10				25	50	20,4
			64	20				32	75	3,2
								30	60	15
32	0,29	17	12,5	2,5	100	80	4,4	61	-	33
			25	5				90	152	74
			50	10				148	260	87
								100	-	70

Tabelle 2 (Fortsetzung)

Schleifscheibe 60 K, Werkstoff Ck 45 angeliefert

Kühlung: Emulsion 1 : 60

v_s	v_w	v_1	Z	a	d_w	b_s	u	$V_{T1,25}$	$V_{T1,5}$	$V_{T_{ratt}}$
28	0,29	8,5	6,25	2,5	100	80	8,8	40	60	20
			12,5	5				40	80	60
			25	10				126	160	94
			50	20				151	168	96
								110	150	90
28	0,29	17	12,5	2,5	100	80	4,4	110	126	49
			25	5				110	160	60
			37,5	7,5				120	240	75
			50	10				78	280	82
			75	15				118	216	85
			100	20				-	-	84
								115	200	80
28	0,17	34	16	5	60	80	2,2	48	79	22
			32	10				97	100	78
			64	20				48	96	23
								50	90	25
28	0,29	34	25	2,5	100	80	2,2	80	160	42
			50	5				80	160	45
			75	7,5				59	240	40
			100	10				75	152	38
								78	160	42
28	0,46	34	42	2,5	160	80	2,2	225	287	72
			84	5				100	265	100
			126	7,5				22,5	75	110
			168	10				62	126	89
								130	200	90

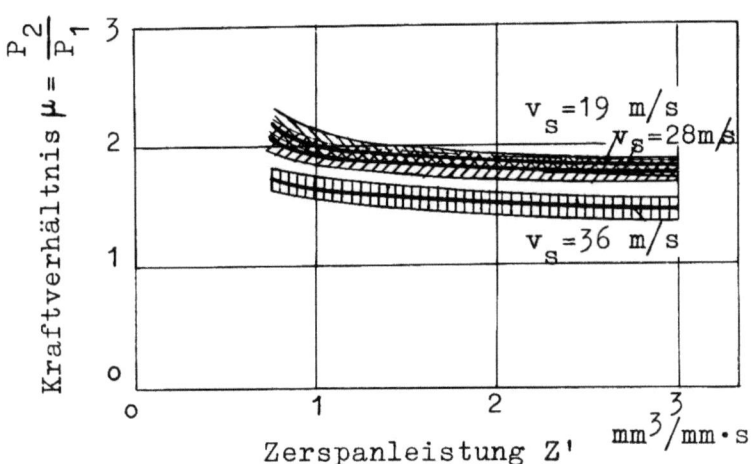

Abbildung 26

Verhältnis von Abdrängkraft zur Hauptschnittkraft

beim Einstechschleifen

Einstechschleifen Scheibe 6oK,L,M,N 400⌀x80

Werkst. Ck45 angel. 1oo⌀x15 Kühlung Em 1:6o v_w=o,15...o,5 m/s

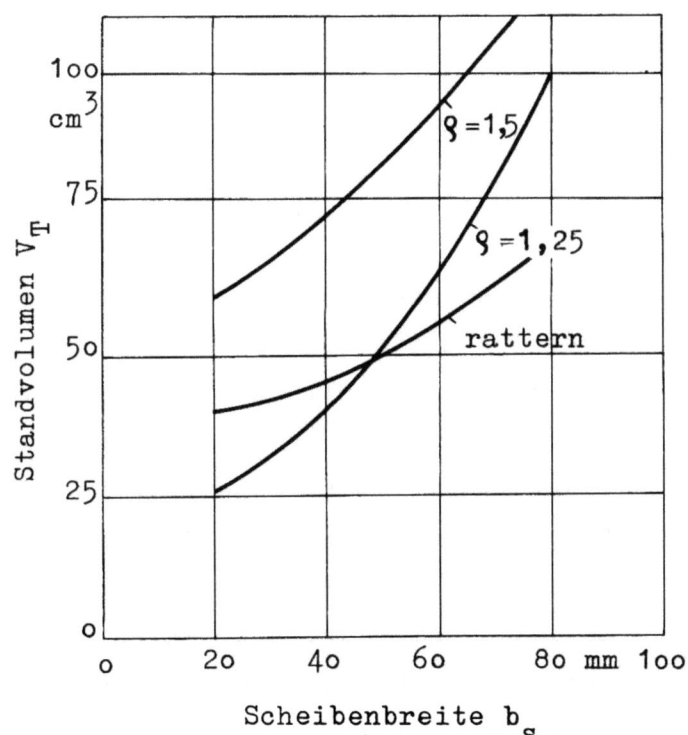

Abbildung 27

Einfluß der Scheibenbreite auf das Standvolumen

Längsschleifen Scheibe 6oL 400⌀ Werkst. Ck45 angel. 1oo⌀x1oo

v_s=28 m/s v_w=o,3 m/s v_L=17 mm/s s=18,2 mm Z=12...1oo mm³/s

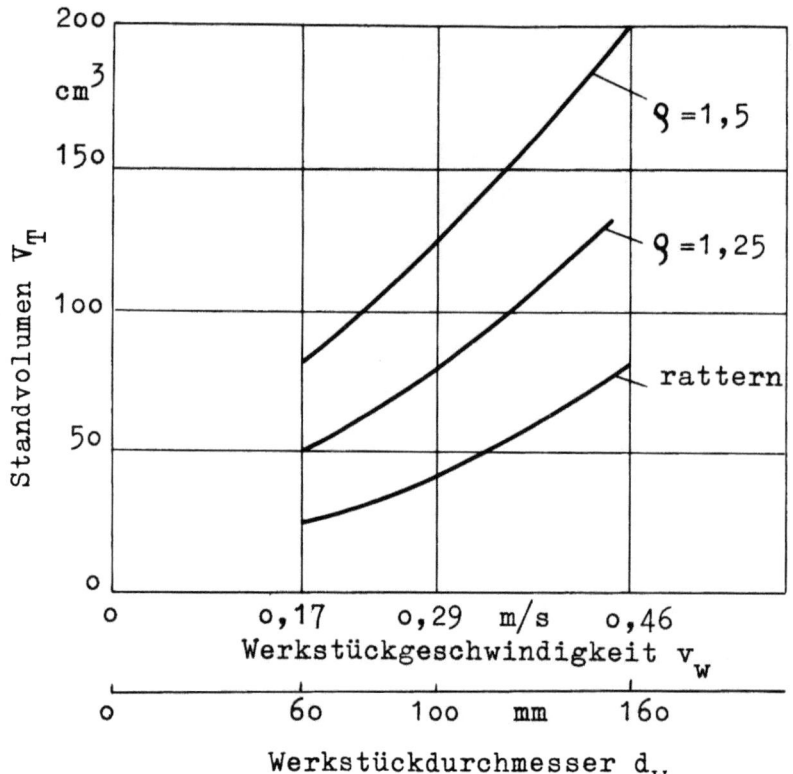

Abbildung 28

Standvolumen und Werkstückdurchmesser

Längsschl. Scheibe 60K 400∅x80 Werkst. Ck45 angel. L=100 mm v_s=28 m/s
v_L=34 mm/s n_w=55 min^{-1} s=9,1 u=8,8 Z=16...168 mm^3/s a=2,5...10 µ/Hub

anderen Kriterien das Standvolumen nicht im gleichen Maße mit zunehmender Scheibenbreite steigt. Da bei der Ermittlung der Gesamtkosten die Scheibenbreite in die Werkzeugkosten stark eingeht, ist gegebenenfalls zu prüfen, welche kleinste Scheibenbreite für einen Produktionsgang noch verwendbar ist. Bei dieser Überlegung spielt die Oberflächengüte noch eine Rolle, da die kleinere Scheibenbreite auch kleinere Überschliffzahlen und dadurch größere Rauhtiefen ergibt. Aus Abbildung 28 geht hervor, daß das Standvolumen mit zunehmendem Werkstückdurchmesser, bzw. Werkstückgeschwindigkeit steigt: ein Ergebnis, das nicht ohne weiteres erklärt werden kann. Allenfalls kann die bereits angeführte geringere thermische Beanspruchung mit herangezogen werden. Im Zusammenhang mit den Rauhtiefenkritirien bedeutet das, die Änderung des mittleren Kornabstandes durch Ausbruch ist bei großer Werkstückgeschwindigkeit geringer.

Die Verbesserung des Standvolumens durch Ölkühlung ist offensichtlich, wenn auch bei verschiedenen Bedingungen die Unterschiede stark schwanken.

Der Einfluß der Schnittgeschwindigkeit läßt sich nicht eindeutig bestimmen. Die Scheiben lassen sich mit abnehmender Härte zu größeren Standvolumina zuordnen. Alle Aussagen über das Standvolumen beim Längsschleifen müßten jedoch noch durch ein entsprechend größeres Versuchsprogramm unterstützt werden.

Beim Einstechschleifen, wo die Eingriffverhältnisse weniger verwickelt sind, lassen sich eindeutigere und reproduzierbare Standvolumenkurven aufstellen. Für die Kriterien $q = 1,25$ und $1,5$ geben Abbildung 29a und b das Standvolumen in Abhängigkeit von der Zerspanleistung für die verschiedenen Scheibenhärten wieder. Im Gegensatz zum Längsschleifen fällt hier das Standvolumen mit zunehmender Zerspanleistung stark ab.

Ebenso weist <u>die weichste Schleifscheibe das höchste Standvolumen auf</u>, welches mit zunehmender Härte fällt (Abb. 30). Für Zerspanleistungen unter $1,0 \text{ mm}^3/\text{mm·s}$ fällt bei einigen Versuchen das Standvolumen wieder etwas ab, ohne daß dieses Abknicken von wiederkehrender Gesetzmäßigkeit ist. In

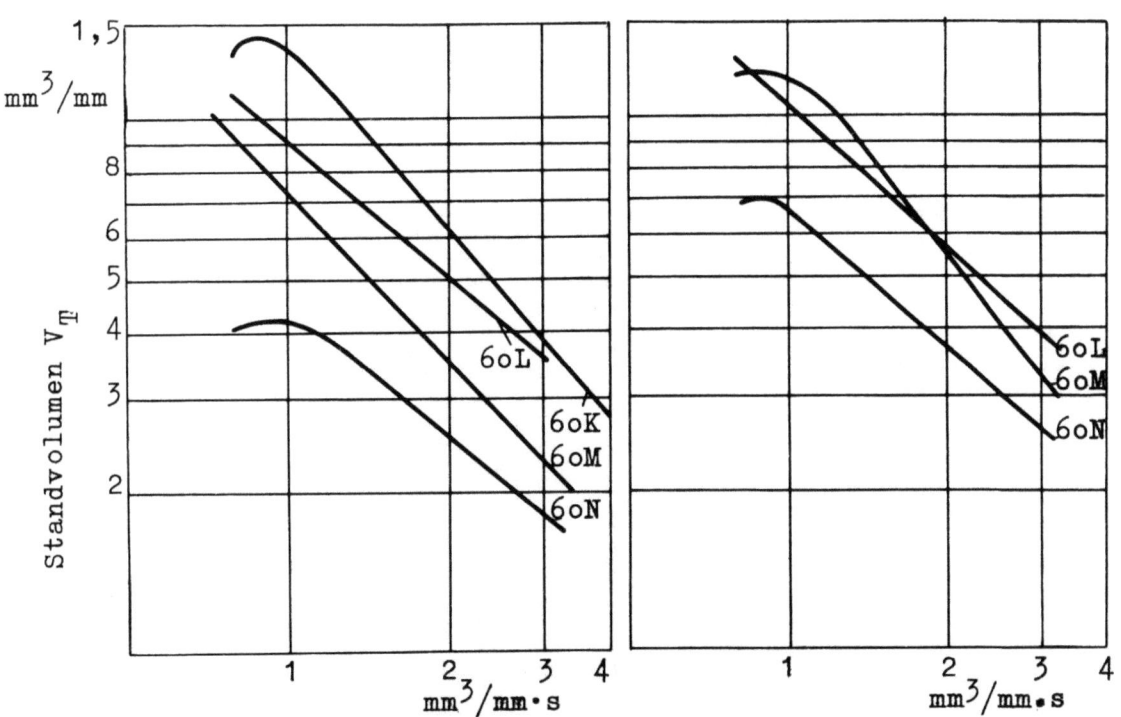

Abbildung 29
Standvolumen beim Einstechschleifen

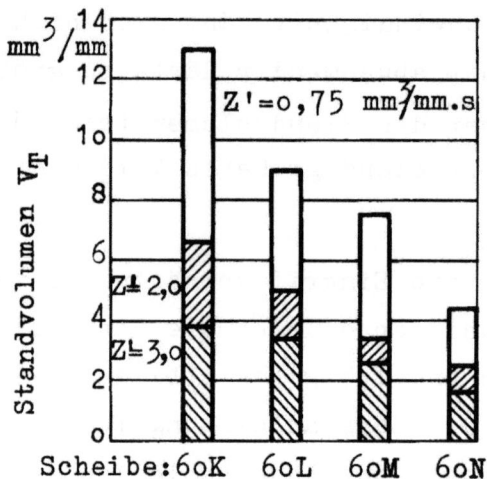

Abbildung 30

Standvolumen beim Einstechschleifen

Einstechschleifen Scheibe 400⌀x80 Werkst. Ck45 ungeh. 100⌀x15

Kühlung Em 1:60 v_s=28 m/s v_w=0,5 m/s q =1,25

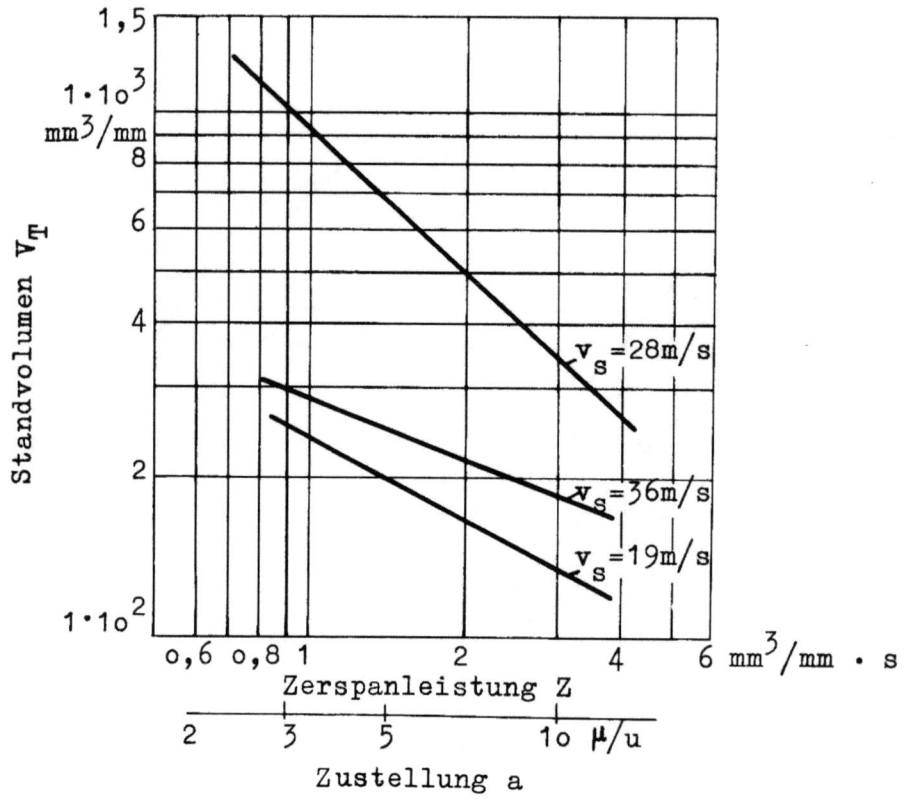

Abbildung 31

Schnittgeschwindigkeit und Standvolumen

Einstechschleifen Scheibe 60L Werkst. Ck45 angel. 100⌀x15

Kühlung Em 1:60 q =1,25 v_w=0,3 m/s

Abbildung 29 b für $\varrho = 1,5$ wird von der Scheibe mit Härte K dieses Kriterium bis zum Auftreten stärkerer Rattererscheinungen nicht erreicht. Die Steigung der Standvolumenkurve für die M - Scheibe ist so stark, daß sie die Kurve der L - Scheibe schneidet.

Den Einfluß verschiedener Schnittgeschwindigkeiten gibt Abbildung 31 wieder. Hieraus folgt, daß $v_s = 28$ m/s die größten Standvolumina besitzt, was bereits qualitativ für eine Zerspanleistung aus dem Rauhtiefendiagramm Abbildung 15 hervorging. Dieses Verhalten könnte erklärt werden mit der Tatsache, daß der damit verbundene starke Kornausbruch den raschen Rauhtiefenausstieg bewirkt. Bei sehr großem v_s ist zwar die Spandicke klein, aber die größere Wechselbeanspruchung des Einzelkornes bewirkt den Anstieg, der bei der kleinen Anfangsrauhtiefe ein kurzes Standvolumen im Sinne des Rauhtiefenverhältnisses ergibt. Für $v_s = 28$ m/s müssen sich demnach beide Einflüsse zu einem Optimum addieren.

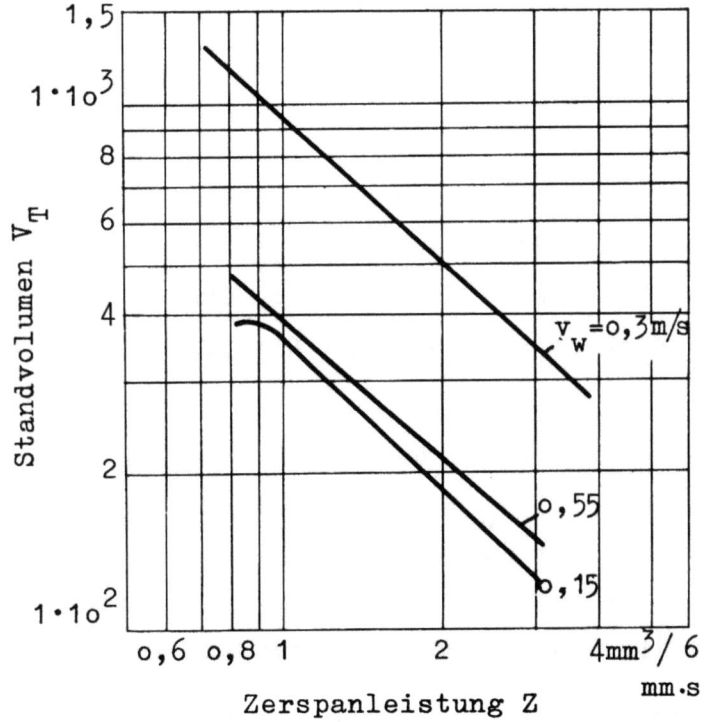

A b b i l d u n g 32
Werkstückgeschwindigkeit und Standvolumen
Einstechschleifen Scheibe 60L Werkst. Ck45 angel. 100⌀x15
Kühlung: Em 1:60 $v_s = 28$ m/s $\varrho = 1,25$

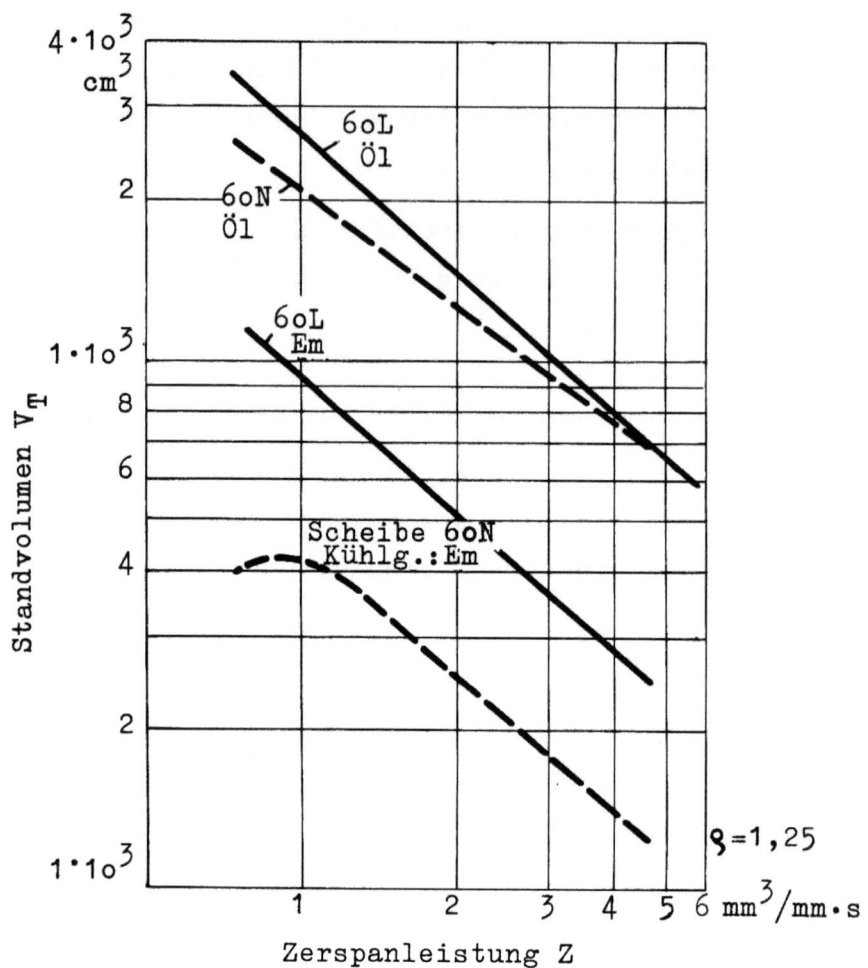

Abbildung 33

Einfluß der Ölkühlung auf das Standvolumen beim Einstechschleifen

Einstechschleifen Scheibe 400∅x80 Werkst. Ck45 angel. 100∅x15

$v_s = 28$ m/s $v_w = 0,3$ m/s $q = 1,25$

Ähnlich liegen die Verhältnisse bei den Werkstückgeschwindigkeiten (Abb. 32), wo das größte Standvolumen bei $v_w = 0,3$ m/s liegt. Hier läßt sich jedoch v_w nicht ohne weiteres von der Zustellung trennen, da die Zerspanleistung proportional dem Produkt $a \cdot v_w$ ist. Die mögliche Erklärung wurde bereits bei den Besprechungen des Rauhtiefendiagrammes Abbildung 16 gegeben.

Schließlich erkennt man noch aus Abbildung 33 den Einfluß der Ölkühlung auf das Standvolumen für die Scheibenhärten L und N mit dem Ergebnis, daß das Standvolumen gegenüber Emulsionskühlung den 5-fachen Wert annehmen kann, und bei der N - Scheibe stärker ansteigt als bei der L - Scheibe.

Forschungsberichte des Wirtschafts- und Verkehrsministeriums Nordrhein-Westfalen

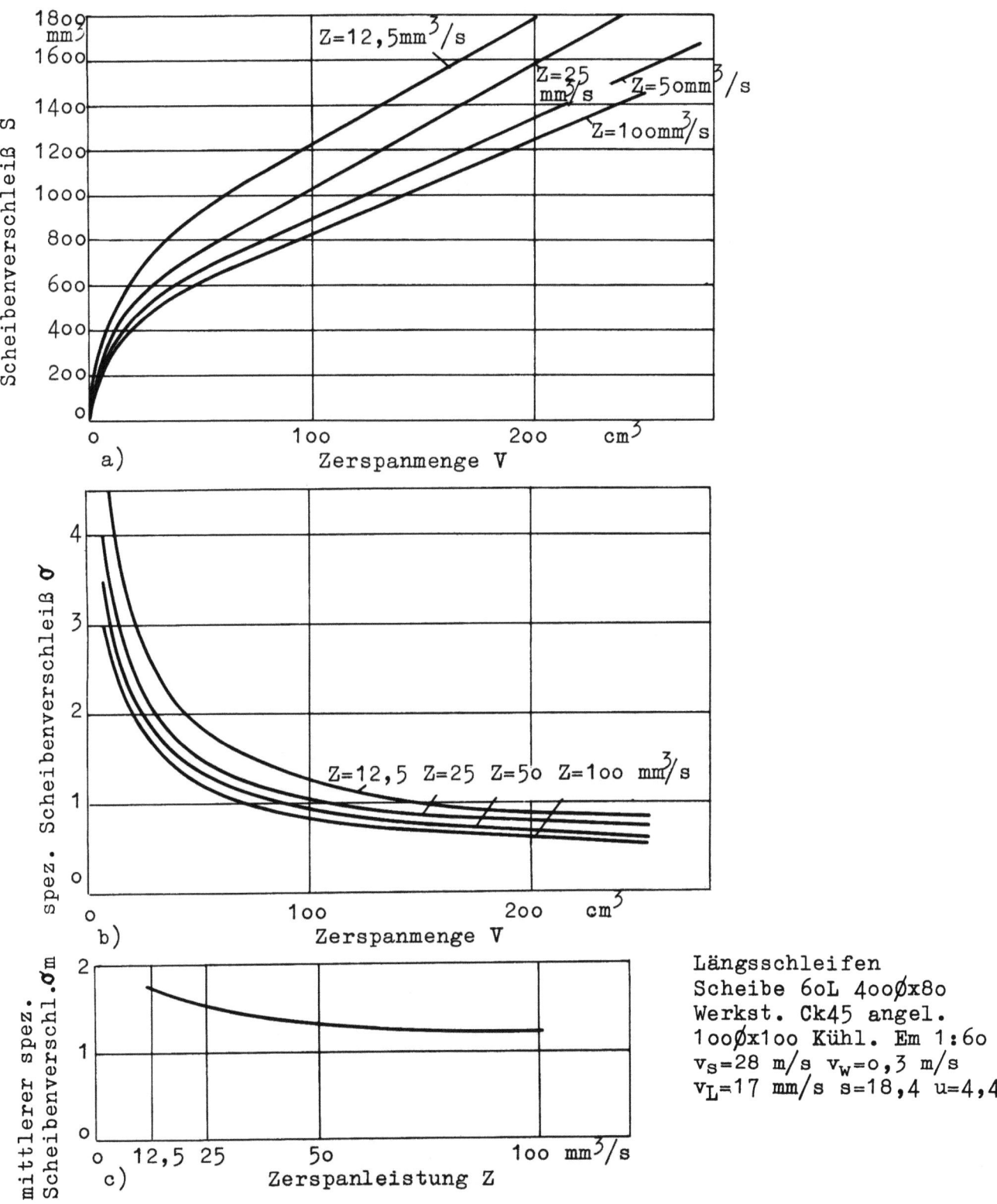

A b b i l d u n g 34

Scheibenverschleiß für einen Standzeitversuch beim Längsschleifen

Seite 41

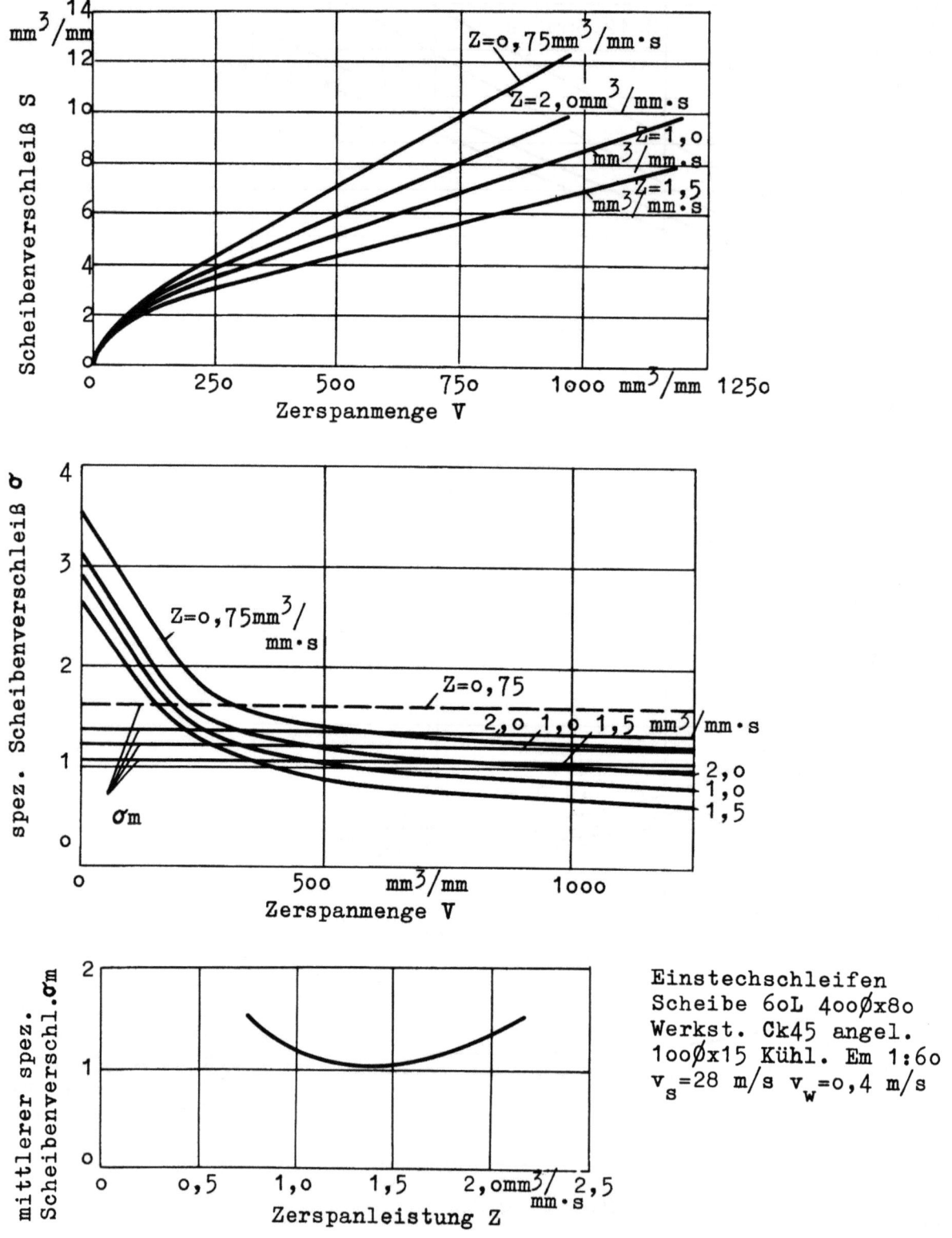

Abbildung 35

Scheibenverschleiß für einen Standzeitversuch beim Einstechschleifen

4.4 Der Scheibenverschleiß

Der Scheibenverschleiß bezieht sich in den nachfolgenden Diagrammen auf die Messung der Radiusabnahme der Schleifscheibe. Der Verschleiß infolge Kornausbruch soweit er die Radiusabnahme nicht beeinflußt, kommt hier nicht zum Ausdruck, sondern ergibt sich qualitativ aus den Anstieg der Rauhtiefe beim Schleifen.- Für je einen Standzeitversuch beim Längs- und Einstechschleifen, sind in Abbildung 34 bzw. 35 die Verschleißkurven aufgetragen. Man erkennt den anfangs geschilderten Verlauf des Verschleißvolumens, der zunächst steiler ist und später in eine Gerade übergeht. Entsprechend ist der spez. Scheibenverschleiß.

Das dritte Diagramm stellt den mittleren spez. Scheibenverschleiß dar, den man erhält, wenn man die Flächen unter den Kurven des spez. Scheibenverschleißes integriert und durch die Diagrammlänge dividiert. Der mittlere spez. Scheibenverschleiß fällt beim Längsschleifen mit zunehmender Zerspanleistung ab, während sich beim Einstechschleifen ein Minimum einstellt. Dieser Verlauf, der zunächst nicht einleuchtend ist, wird klar, wenn man berücksichtigt, daß eine bestimmte Zerspanmenge bei großer Zerspanleistung schneller erreicht wird, so daß das einzelne Schleifkorn weniger oft beansprucht wird als bei kleiner Zerspanleistung. Diese geringere Wechselbeanspruchung macht den geringen Verschleiß plausibel, der dann z.B. beim Einstechschleifen schließlich durch die größer werdende statische Beanspruchung des Schleifkorns wieder ansteigt, so daß sich ein Minimum für eine mittlere Zerspanleistung einstellt. Die Theorie der Wechselbeanspruchung findet eine Stütze in der Tatsache, daß der Verschleiß mit zunehmender Schnittgeschwindigkeit größer wird (Abb. 36 und 37). Diese Erkenntnis steht scheinbar im Gegensatz zu der gebräuchlichen Auffassung, daß die Schleifscheibe mit zunehmender Geschwindigkeit härter wirkt. Das bezieht sich jedoch nur auf die Bindungshärte und damit auf den Kornausbruch, der tatsächlich in der üblichen Weise beeinflußt wird, wie die Rauhtiefenänderung über der Schleifzeit bei verschiedenen Schnittgeschwindigkeiten zeigen (Abb. 15).

Abbildung 38 und 39 zeigt den Einfluß verschiedener Scheibenhärten auf den Verschleiß. Auch hier ist die Bindungshärte nur von geringem Einfluß auf den Verschleiß, der durch Absplittern von kleinen Kornteilchen zustande kommt.

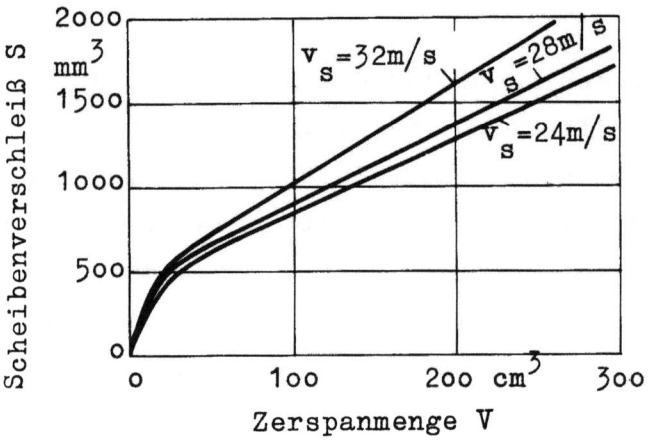
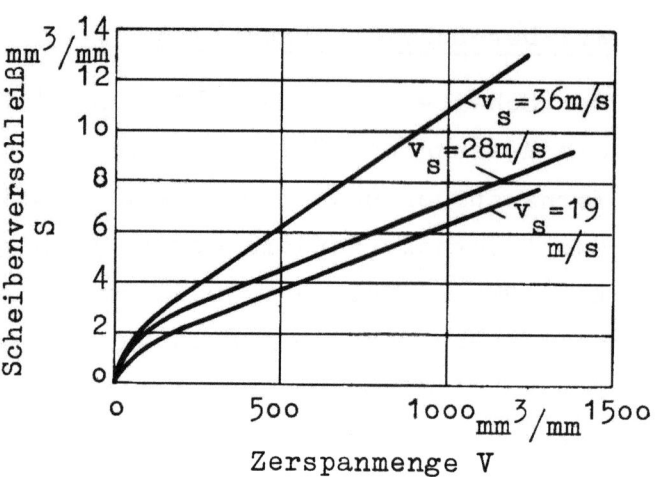

Abbildung 36
Scheibenverschleiß beim
Längsschleifen

Längsschleifen Scheibe 60L 400⌀x80
Werkst. Ck45 angel. 10⌀x100 Kühlg.
Em 1:60 v_w=0,3 m/s v_L=17 mm/s s=18,4
u=4,4 Z=50 mm³/s

Abbildung 37
Scheibenverschleiß beim
Einstechschleifen

Einstechschl. Scheibe 60L 400⌀x80
Werkst. Ck45 angel. 100⌀x15 Kühlg.
Em 1:60 v_w=0,4 m/s Z=1,5 mm³/mm·s

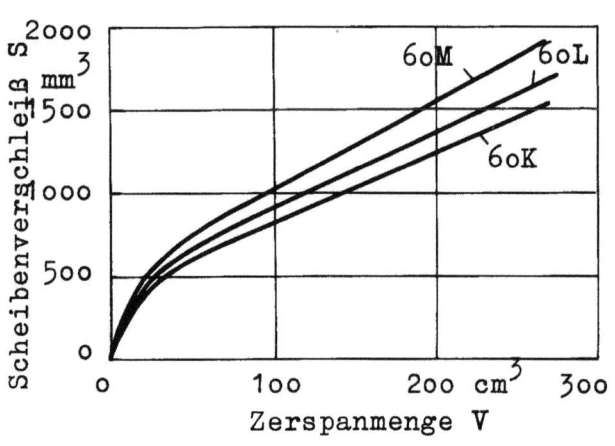
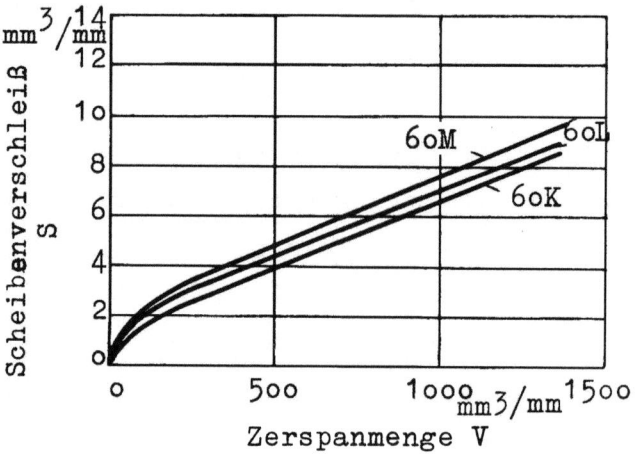

Abbildung 38
Scheibenverschleiß beim
Längsschleifen

Längsschleifen Scheibe 60K,L,M
400⌀x80 Werkst. Ck45 angel. 100⌀x100
Kühlg. Em 1:60 v_s=28 m/s v_w=0,3 mm/s
s=18,4 mm u=4,4 Z=50 mm³/s

Abbildung 39
Scheibenverschleiß beim
Einstechschleifen

Einstechschl. Scheibe 60K,L,M
400⌀x80 Werkst. Ck45 angel. 100x15
Kühlg. Em 1:60 v_s=28 m/s v_w=0,4 m/s
Z=1,5 mm³/mm·s

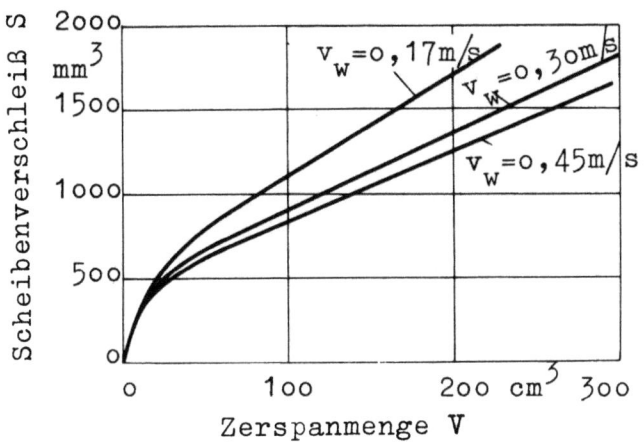

Abbildung 40

Einfluß der Werkstückgeschwindigkeit auf den Verschleiß

Längsschleifen Scheibe 60L 400⌀x80
Werkst. Ck45 angel. 100⌀x100 Kühlg.
Em 1:60 v_s=28 m/s v_L=17 mm/s s=18,4
u=4,4 Z=50 mm³/s

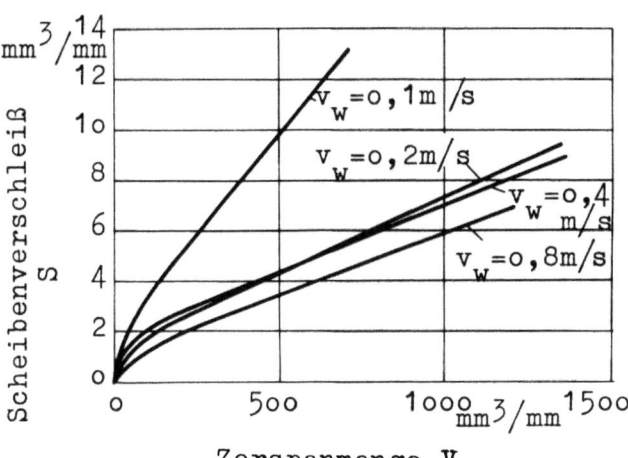

Abbildung 41

Einfluß der Werkstückgeschwindigkeit auf den Verschleiß

Einstechschl. Scheibe 60L 400⌀x80
Werkst. Ck45 angel. 100 ⌀ x 15
Kühlung Em 1:60 Z=1,5 mm³/s·mm

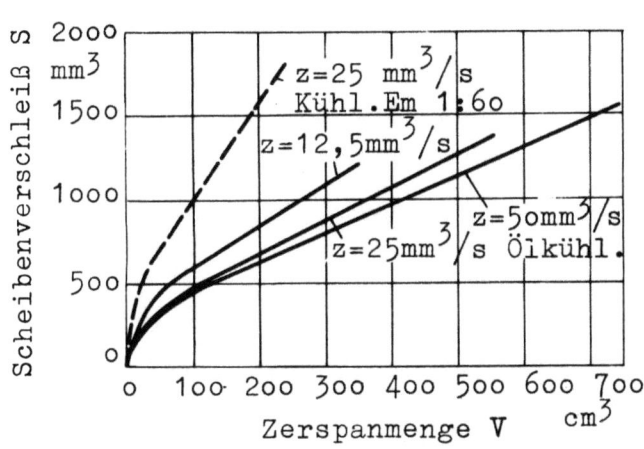

Abbildung 42

Einfluß des Kühlmittels auf den Verschleiß

Längsschleifen Scheibe 60L 400⌀x80
Werkst. Ck45 angel. 100 ⌀ x 100
v_s=28 m/s v_w=0,3 m/s v_L=17 mm/s
s=18,4 mm u=4,4

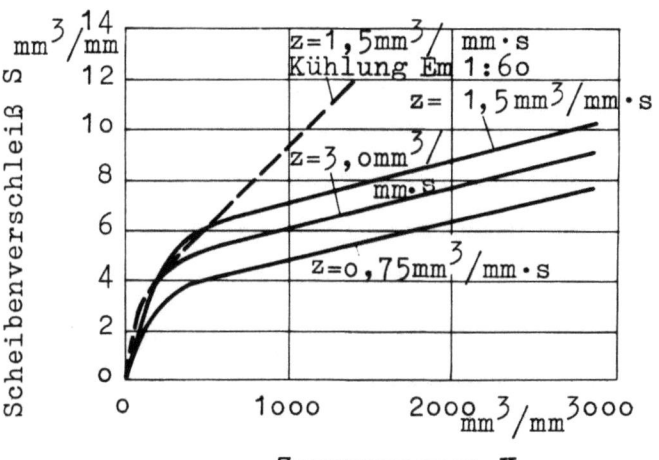

Abbildung 43

Einfluß des Kühlmittels auf den Verschleiß

Einstechschl. Scheibe 60L 400/x80
Werkst. Ck45 angel. 100 ⌀ x 15
Kühlung Öl v_s=28 m/s v_w=0,2 m/s

Aus Abbildung 4o und 41 geht der zunehmende Verschleiß mit größerer Werkstückgeschwindigkeit hervor; die ja die mittlere Spandicke vergrößert. Damit läßt sich der größere Verschleiß deuten. Schließlich wird noch der Einfluß der Ölkühlung dargestellt. In Abbildung 42 und 43 sind dafür Verschleißkurven aufgetragen und zum Vergleich, eine Kurve mit den entsprechenden Bedingungen bei Emulsionskühlung eingezeichnet. Zu Beginn macht sich der Unterschied nicht so stark bemerkbar. Die Steigung des geraden Teils der Verschleißkurve ist jedoch bei Ölkühlung wesentlich geringer.

5. Zusammenfassung und Ausblick

Mit den vorliegenden Nomogrammen, Zahlentafeln und Diagrammen lassen sich für den untersuchten Werkstoff, CK 45 ungehärtet, die Vorgänge beim Schleifen darstellen. Es wurde versucht, die Gesetzmäßigkeiten an Hand der Diagramme sinnvoll zu erklären, so daß sich der Außenstehende in die Vorgänge hineindenken kann. Es wurde unter anderem deutlich nachgewiesen, daß das Schleifergebnis, hier die Rauhtiefe, die Schnittkraft, Standvolumen und Scheibenverschleiß durch zweckmäßige Wahl von Schnittgeschwindigkeit, Werkstückgeschwindigkeit und Zustellung weitgehend beeinflußt werden kann. Diese Abhängigkeiten sind bei allen 4 untersuchten Schleifscheiben gleichartig. Es stellte sich jedoch heraus, daß darüberhinaus die Scheibenhärten bestimmten Anforderungen angepaßt werden können. Oft ist aber der Einfluß der Einstellbedingungen auf das Schleifergebnis größer als der unterschiedlicher Scheiben. Rauhtiefen und Kräfte für die gewählten Eingriffsbedingungen lassen sich aus Nomogrammen entnehmen.

Für Standvolumen und Scheibenverschleiß wurden in einer Anzahl von Tabellen und Diagrammen die qualitativen Zusammenhänge erläutert und für die Grundreihe die Werte zahlenmäßig dargestellt.

Die untersuchten Scheiben lassen sich zusammenfassend in der Weise einstufen, daß für Rauhtiefen und Kräfte die Schleifscheiben 6o L und 6o M niedrigste Werte ergeben, während das höchste Standvolumen und der niedrigste Verschleiß bei der Scheibe 6o K gefunden wurde.

Zum Abschluß der Untersuchungen wurden für das Einstechschleifen einige Versuchsreihen mit anderen Werkstoffen durchgeführt. Gewählt wurden 1 Werkstoff 3o Cr Ni Mo 8 vergütet auf 12o kg/mm^2 und ein 16 Mn Cr 5 eingesetzt o,8 mm tief und gehärtet auf Rc 58. In Abbildung 44 werden die Rauhtiefe,

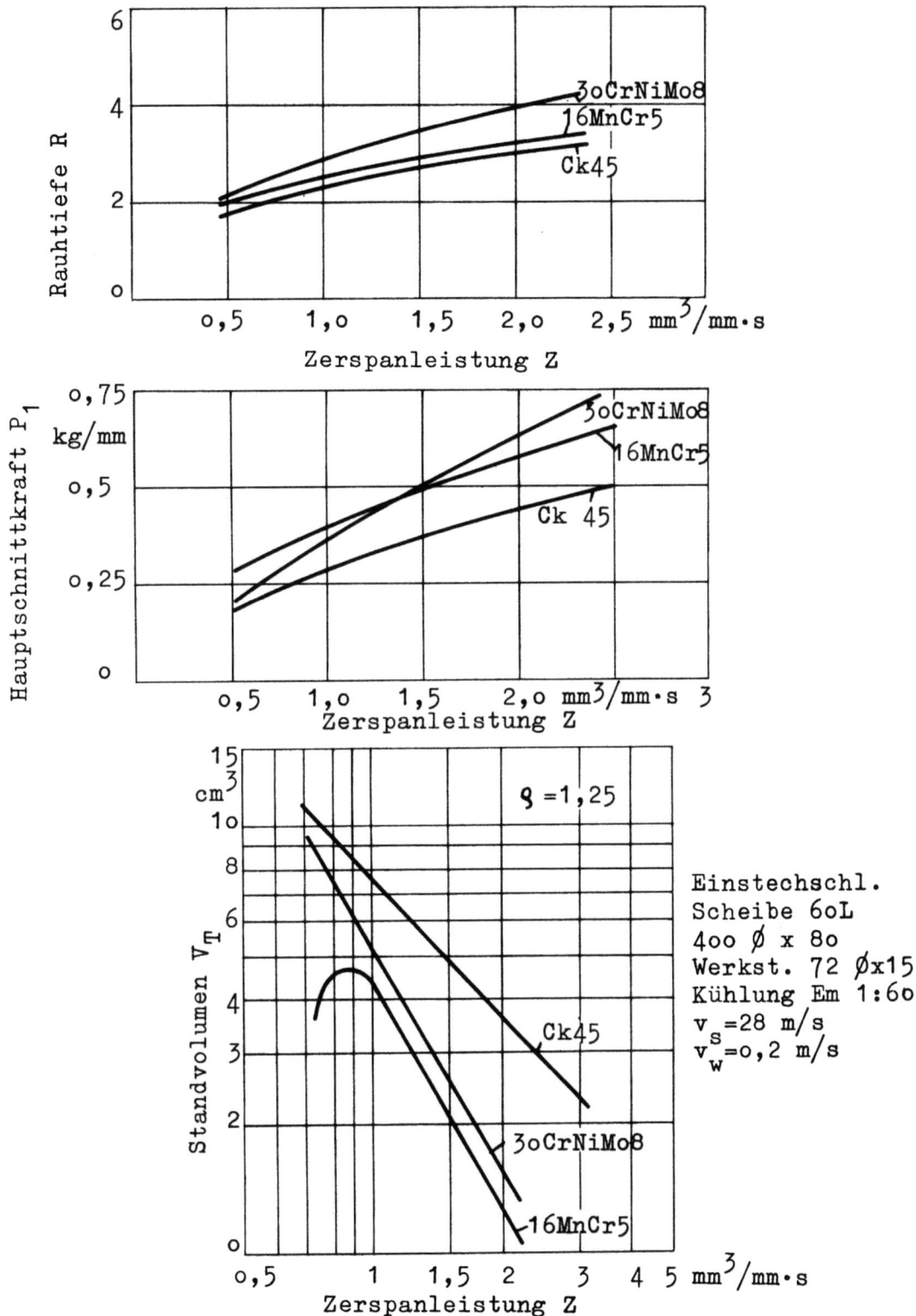

Abbildung 44

Verschiedene Werkstoffe beim Einstechschleifen

die Hauptschnittkraft und das Standvolumen über der Zerspanleistung aufgetragen und die Vergleichskurven für Ck 45 gegenübergestellt.

Man erkennt, daß die Art des Werkstoffes keinen geringen Einfluß auf das Schleifergebnis ausübt. Die vorliegenden Stichprobenuntersuchungen, denen diese Ergebnisse entnommen wurden, lassen jedoch noch keine verbindliche Aussage über Gesetzmäßigkeiten zwischen verschiedenen Werkstoffen zu. Vielmehr soll die Richtung aufgezeigt werden, in der eine Erweiterung der Richtwerte beim Schleifen möglich ist. Aufbauend auf die Erfahrung, die bei den vorliegenden Untersuchungen gesammelt wurde, ließen sich andere Werkstoffe mit erheblich geringerem Aufwand untersuchen. Lediglich zur Ermittlung der Gesetzmäßigkeiten für das Standvolumen in Abhängigkeit von den Einstellbedingungen ist es wünschenswert, größere Stückzahlen zu untersuchen. Daher ist daran gedacht, die Vorgänge nicht an speziellen Versuchswerkstücken, sondern an praktischen Bearbeitungsaufgaben in der Industrie zu untersuchen.

                                              Prof. Dr.-Ing. H. OPITZ, Aachen
                                              Dr.-Ing. E. SALJÉ, Aachen
                                              Dipl.-Ing. K.E. SCHWARTZ, Aachen

6. Verzeichnis der verwandten Formelzeichen

Formelzeichen	Einheit	Bezeichnung
a	μ; μ/Umdr.	Zustellung bez. auf einen Hub, bzw. eine Werkstückumdrehung
A	mm	Zustellbetrag
b_s	mm	Schleifscheibenbreite
d_s	mm	Schleifscheibendurchmesser
d_w	mm	Werkstückdurchmesser
δ	μ	Schleifzugabe
hg	μ; mm	mittlere theoret. Spandicke
lg	mm	Schleifweg
lo	mm	Überlaufweg
lw	mm	Werkstücklänge (bearbeitet)
λ	mm	mittlerer Kornabstand
n	-	Standzahl
n_s	min^{-1}	Schleifspindeldrehzahl
n_w	min^{-1}	Werkstückdrehzahl
μ	-	Verhältnis von Abdräng- zur Hauptschnittkraft
$P1$	kg	Hauptschnittkraft, tangential z. Schleifscheibe
$P2$	kg	Abdrängkraft, radial z. Schleifscheibe
Δr_s	μ	Radiusabnahme der Schleifscheibe infolge Verschleiß
ϱ	-	Rauhtiefenverhältnis
s	mm	Seitenvorschub je Werkstückumdrehung
S	mm^3	Scheibenverschleißmenge
σ	-	spez. Scheibenverschleiß
σ_m	-	mittlerer spez. Scheibenverschleiß in einer Standzeit
t	s, min	Zeit
T	min	Standzeit
ta	s	Ausfunkzeit
u	-	Überschliffzahl
V	mm^3	Zerspanmenge
V_T	mm^3	Standvolumen
v_L	mm/s	Vorschubgeschwindigkeit
v_S	m/s	Schleifscheibengeschwindigkeit

v_w	m/s	Werkstückgeschwindigkeit
Z	mm³/s	Zerspanleistung
Z'	mm³/mm·s	red. Zerspanleistung bez. auf 1 mm Scheibenbreite

7. Literaturverzeichnis

[1]   A D B - A W F Betriebsblatt 76 - Schleifen

[2] SALJÉ, E.   Grundlagen des Schleifvorganges. Werkstatt und Betrieb 1953/ 2 und 4

[3] SALJÉ, E.   Ein Beitrag zum Außenrund- Längs- und Einstechschleifen. Industrieanzeigen 1955/III s. 248

[4] GOEDECKE   Dissertation, Aachen 1936

[5] WITTHOFF, J.   Die Ermittlung der günstigsten Arbeitsbedingungen bei der spanabhebenden Formung. Werkstatt und Betrieb 1952/85

[6] SALJE, E.   Wirtschaftliche Zerspanbedingungen beim Schleifen. Werkstattechnik und Maschinenbau 1954/1o

[7] SALJÉ, E.   Forschungsergebnisse beim Außenrundschleifen. Werkstatttechnik und Maschinenbau 1953/3

FORSCHUNGSBERICHTE DES WIRTSCHAFTS- UND VERKEHRSMINISTERIUMS NORDRHEIN-WESTFALEN

Herausgegeben von Staatssekretär Prof. Leo Brandt

HEFT 1
Prof. Dr.-Ing. E. Flegler, Aachen
Untersuchungen oxydischer Ferromagnet-Werkstoffe
1952, 20 Seiten, DM 6,75

HEFT 2
Prof. Dr. W. Fuchs, Aachen
Untersuchungen über absatzfreie Teeröle
1952, 32 Seiten, 5 Abb., 6 Tabellen, DM 10,—

HEFT 3
Techn.-Wissenschaftl. Büro für die Bastfaserindustrie, Bielefeld
Untersuchungsarbeiten zur Verbesserung des Leinenwebstuhls
1952, 44 Seiten, 7 Abb., 3 Tabellen, DM 12,50

HEFT 4
Prof. Dr. E. A. Müller und Dipl.-Ing. H. Spitzer, Dortmund
Untersuchungen über die Hitzebelastung in Hüttebetrieben
1952, 28 Seiten, 5 Abb., 1 Tabelle, DM 9,—

HEFT 5
Dipl.-Ing. W. Fister, Aachen
Prüfstand der Turbinenuntersuchungen
1952, 40 Seiten, 30 Abb., 3 Schaltbilder, DM 1,—

HEFT 6
Prof. Dr. W. Fuchs, Aachen
Untersuchungen über die Zusammensetzung und Verwendbarkeit von Schwelteerfraktionen
1952, 36 Seiten, DM 10.50

HEFT 7
Prof. Dr. W. Fuchs, Aachen
Untersuchungen über emsländisches Petrolatum
1952, 36 Seiten, 1 Abb., 17 Tabellen, DM 10,50

HEFT 8
M. E. Meffert und H. Stratmann, Essen
Algen-Großkulturen im Sommer 1951
1953, 52 Seiten, 4 Abb., 20 Tabellen, DM 9,75

HEFT 9
Techn.-Wissenschaftl. Büro für die Bastfaserindustrie, Bielefeld
Untersuchungen über die zweckmäßige Wicklungsart von Leinengarnkreuzspulen unter Berücksichtigung der Anwendung hoher Geschwindigkeiten des Garnes
Vorversuche für Zetteln und Schären von Leinengarnen auf Hochleistungsmaschinen
1952, 48 Seiten, 7 Abb., 7 Tabellen, DM 9,25

HEFT 10
Prof. Dr. W. Vogel, Köln
„Das Streifenpaar" als neues System zur mechanischen Vergrößerung kleiner Verschiebungen und seine technischen Anwendungsmöglichkeiten
1953, 20 Seiten, 6 Abb., DM 4,50

HEFT 11
Laboratorium für Werkzeugmaschinen und Betriebslehre, Technische Hochschule Aachen
1. Untersuchungen über Metallbearbeitung im Fräsvorgang mit Hartmetallwerkzeugen und negativem Spanwinkel
2. Weiterentwicklung des Schleifverfahrens für die Herstellung von Präzisionswerkstücken unter Vermeidung hoher Temperatur
3. Untersuchung von Oberflächenveredlungsverfahren zur Steigerung der Belastbarkeit hochbeanspruchter Bauteile
1953, 80 Seiten, 61 Abb., DM 15,75

HEFT 12
Elektrowärme-Institut, Langenberg (Rhld.)
Induktive Erwärmung mit Netzfrequenz
1952, 22 Seiten 6 Abb., DM 5,20

HEFT 13
Techn.-Wissenschaftl. Büro für die Bastfaserindustrie, Bielefeld
Das Naßspinnen von Bastfasergarnen mit chemischen Zusätzen zum Spinnbad
1953, 52 Seiten, 4 Abb., 19 Tabellen, DM 10,—

HEFT 14
Forschungsstelle für Acetylen, Dortmund
Untersuchungen über Aceton als Lösungsmittel für Acetylen
1952, 64 Seiten, 10 Abb., 26 Tabellen, DM 12,25

HEFT 15
Wäschereiforschung Krefeld
Trocknen von Wäschestoffen
1953, 48 Seiten, 14 Abb., 2 Tabellen, DM 9,—

HEFT 16
Max-Planck-Institut für Kohlenforschung, Mülheim a. d. Ruhr
Arbeiten des MPI für Kohlenforschung
1953, 104 Seiten, 9 Abb., DM 17,80

HEFT 17
Ingenieurbüro Herbert Stein, M.-Gladbach
Untersuchung der Verzugsvorgänge in den Streckwerken verschiedener Spinnereimaschinen. 1. Bericht: Vergleichende Prüfung mit verschiedenen Dickenmeßgeräten
1952, 36 Seiten, 15 Abb., DM 8,—

HEFT 18
Wäschereiforschung Krefeld
Grundlagen zur Erfassung der chemischen Schädigung beim Waschen
1953, 68 Seiten, 15 Abb., 15 Tabellen, DM 12,75

HEFT 19
Techn.-Wissenschaftl. Büro für die Bastfaserindustrie, Bielefeld
Die Auswirkung des Schlichtens von Leinenketten auf den Verarbeitungswirkungsgrad, sowie die Festigkeit und Dehnungsverhältnisse der Garne und Gewebe
1953, 48 Seiten, 1 Abb., 9 Tabellen, DM 9,—

HEFT 20
Techn.-Wissenschaftl. Büro für die Bastfaserindustrie, Bielefeld
Trocknung von Leinengarnen I
Vorgang und Einwirkung auf die Garnqualität
1953, 62 Seiten, 18 Abb., 5 Tabellen, DM 12,—

HEFT 21
Techn.-Wissenschaftl. Büro für die Bastfaserindustrie, Bielefeld
Trocknung von Leinengarnen II
Spulenanordnung und Luftführung beim Trocknen von Kreuzspulen
1953, 66 Seiten, 22 Abb., 9 Tabellen, DM 13,—

HEFT 22
Techn.-Wissenschaftl. Büro für die Bastfaserindustrie, Bielefeld
Die Reparaturanfälligkeit von Webstühlen
1953, 28 Seiten, 7 Abb., 5 Tabellen, DM 5,80

HEFT 23
Institut für Starkstromtechnik, Aachen
Rechnerische und experimentelle Untersuchungen zur Kenntnis der Metadyne als Umformer von konstanter Spannung auf konstanten Strom
1953, 52 Seiten, 20 Abb., 4 Tafeln, DM 9,75

HEFT 24
Institut für Starkstromtechnik, Aachen
Vergleich verschiedener Generator-Metadyne-Schaltungen in bezug auf statisches Verhalten
1952, 44 Seiten, 23 Abb., DM 8,50

HEFT 25
Gesellschaft für Kohlentechnik mbH., Dortmund-Eving
Struktur der Steinkohlen und Steinkohlen-Kokse
1953, 58 Seiten, DM 11,—

HEFT 26
Techn.-Wissenschaftl. Büro für die Bastfaserindustrie, Bielefeld
Vergleichende Untersuchungen zweier neuzeitlicher Ungleichmäßigkeitsprüfer für Bänder und Garne hinsichtlich ihrer Eignung für die Bastfaserspinnerei
1953, 64 Seiten, 30 Abb., DM 12,50

HEFT 27
Prof. Dr. E. Schratz, Münster
Untersuchungen zur Rentabilität des Arzneipflanzenanbaues Römische Kamille, Anthemis nobilis L.
1953, 16 Seiten, 1 Tabelle, DM 3,60

HEFT 28
Prof. Dr. E. Schratz, Münster
Calendula officinalis L. Studien zur Ernährung, Blütenfüllung und Rentabilität der Drogengewinnung
1953, 24 Seiten, 2 Abb., 3 Tabellen, DM 5,20

HEFT 29
Techn.-Wissenschaftl. Büro für die Bastfaserindustrie, Bielefeld
Die Ausnützung der Leinengarne in Geweben
1953, 100 Seiten, 14 Abb., 10 Tabellen, DM 17,80

HEFT 30
Gesellschaft für Kohlentechnik mbH., Dortmund-Eving
Kombinierte Entaschung und Verschwelung von Steinkohle; Aufarbeitung von Steinkohlenschlämmen zu verkokbarer und verschwelbarer Kohle
1953, 56 Seiten, 16 Abb., 10 Tabellen, DM 10,50

HEFT 31
Dipl.-Ing. A. Stormanns, Essen
Messung des Leistungsbedarfs von Doppelsteg-Kettenförderern
1954, 54 Seiten, 18 Abb., 3 Anlagen, DM 11,—

HEFT 32
Techn.-Wissenschaftl. Büro für die Bastfaserindustrie, Bielefeld
Der Einfluß der Natriumchloridbleiche auf Qualität und Verwebbarkeit von Leinengarnen und die Eigenschaften der Leinengewebe unter besonderer Berücksichtigung des Einsatzes von Schützen- und Spulenwechselautomaten in der Leinenweberei
1953, 64 Seiten, 2 Abb., 12 Tabellen, DM 11,50

HEFT 33
Kohlenstoffbiologische Forschungsstation e. V.
Eine Methode zur Bestimmung von Schwefeldioxyd und Schwefelwasserstoff in Rauchgasen und in der Atmosphäre
1953, 32 Seiten, 8 Abb., 3 Tabellen, DM 6.50

HEFT 34
Textilforschungsanstalt Krefeld
Quellungs- und Entquellungsvorgänge bei Faserstoffen
1953, 52 Seiten, 13 Abb., 13 Tabellen, DM 9,80

WESTDEUTSCHER VERLAG · KÖLN UND OPLADEN

HEFT 35
Professor Dr. W. Kast, Krefeld
Feinstrukturuntersuchungen an künstlichen Zellulosefasern verschiedener Herstellungsverfahren.
Teil 1: Der Orientierungszustand
1953, 74 Seiten, 30 Abb., 7 Tabellen, DM 13,80

HEFT 36
Forschungsinstitut der feuerfesten Industrie, Bonn
Untersuchungen über die Trocknung von Rohton
Untersuchungen über die chemische Reinigung von Silika- und Schamotte-Rohstoffen mit chlorhaltigen Gasen
1953, 60 Seiten, 5 Abb., 5 Tabellen, DM 11,—

HEFT 37
Forschungsinstitut der feuerfesten Industrie, Bonn
Untersuchungen über den Einfluß der Probenvorbereitung auf die Kaltdruckfestigkeit feuerfester Steine
1953, 40 Seiten, 2 Abb., 5 Tabellen, DM 7,80

HEFT 38
Forschungsstelle für Acetylen, Dortmund
Untersuchungen über die Trocknung von Acetylen zur Herstellung von Dissousgas
1953, 36 Seiten, 11 Abb., 3 Tabellen, DM 6,80

HEFT 39
Forschungsgesellschaft Blechverarbeitung e. V., Düsseldorf
Untersuchungen an prägegemusterten und vorgelochten Blechen
1953, 46 Seiten, 34 Abb., DM 9,50

HEFT 40
Landesgeologe Dr.-Ing. W. Wolff, Amt für Bodenforschung, Krefeld
Untersuchungen über die Anwendbarkeit geophysikalischer Verfahren zur Untersuchung von Spateisengängen im Siegerland
1953, 46 Seiten, 8 Abb., DM 8,80

HEFT 41
Techn.-Wissenschaftl. Büro für die Bastfaserindustrie, Bielefeld
Untersuchungsarbeiten zur Verbesserung des Leinenwebstuhles II
1953, 40 Seiten, 4 Abb., 5 Tabellen, DM 7,80

HEFT 42
Professor Dr. B. Helferich, Bonn
Untersuchungen über Wirkstoffe — Fermente — in der Kartoffel und die Möglichkeit ihrer Verwendung
1953, 58 Seiten, 9 Abb., DM 11,—

HEFT 43
Forschungsgesellschaft Blechverarbeitung e. V., Düsseldorf
Forschungsergebnisse über das Beizen von Blechen
1953, 48 Seiten, 38 Abb., 2 Tabellen, DM 11,30

HEFT 44
Arbeitsgemeinschaft für praktische Dehnungsmessung, Düsseldorf
Eigenschaften und Anwendungen von Dehnungsmeßstreifen
1953, 68 Seiten, 43 Abb., 2 Tabellen, DM 13,70

HEFT 45
Losenhausenwerk Düsseldorfer Maschinenbau AG., Düsseldorf
Untersuchungen von störenden Einflüssen auf die Lastgrenzenanzeige von Dauerschwingprüfmaschinen
1953, 36 Seiten, 11 Abb., 3 Tabellen, DM 7,25

HEFT 46
Prof. Dr. W. Fuchs, Aachen
Untersuchungen über die Aufbereitung von Wasser für die Dampferzeugung in Benson-Kesseln
1953, 58 Seiten, 18 Abb., 9 Tabellen, DM 11,20

HEFT 47
Prof. Dr.-Ing. K. Krekeler, Aachen
Versuche über die Anwendung der induktiven Erwärmung zum Sintern von hochschmelzenden Metallen sowie zur Anlegierung und Vergütung von aufgespritzten Metallschichten mit dem Grundwerkstoff
1954, 66 Seiten, 39 Abb., DM 13,90

HEFT 48
Max-Planck-Institut für Eisenforschung, Düsseldorf
Spektrochemische Analyse der Gefügebestandteile in Stählen nach ihrer Isolierung
1953, 38 Seiten, 8 Abb., 5 Tabellen, DM 7,80

HEFT 49
Max-Planck-Institut für Eisenforschung, Düsseldorf
Untersuchungen über Ablauf der Desoxydation und die Bildung von Einschlüssen in Stählen
1953, 52 Seiten, 19 Abb., 3 Tabellen, DM 12,40

HEFT 50
Max-Planck-Institut für Eisenforschung, Düsseldorf
Flammenspektralanalytische Untersuchung der Ferritzusammensetzung in Stählen
1953, 44 Seiten, 15 Abb., 4 Tabellen, DM 8,60

HEFT 51
Verein zur Förderung von Forschungs- und Entwicklungsarbeiten in der Werkzeugindustrie e. V., Remscheid
Untersuchungen an Kreissägeblättern für Holz, Fehler- und Spannungsprüfverfahren
1953, 50 Seiten, 23 Abb., DM 10,—

HEFT 52
Forschungsstelle für Acetylen, Dortmund
Untersuchungen über den Umsatz bei der explosiblen Zersetzung von Azetylen
a) Zersetzung von gasförmigem Azetylen
b) Zersetzung von an Silikagel adsorbiertem Azetylen
1954, 48 Seiten, 8 Abb., 10 Tabellen, DM 9,25

HEFT 53
Professor Dr.-Ing. H. Opitz, Aachen
Reibwert und Verschleißmessungen an Kunststoffgleitführungen für Werkzeugmaschinen
1954, 38 Seiten, 18 Abb., DM 8,20

HEFT 54
Professor Dr.-Ing. F. A. F. Schmidt, Aachen
Schaffung von Grundlagen für die Erhöhung der spez. Leistung und Herabsetzung des spez. Brennstoffverbrauches bei Ottomotoren mit Teilbericht über Arbeiten an einem neuen Einspritzverfahren
1954, 34 Seiten, 15 Abb., DM 7,40

HEFT 55
Forschungsgesellschaft Blechverarbeitung e. V. Düsseldorf
Chemisches Glänzen von Messing und Neusilber
1954, 50 Seiten, 21 Abb., 1 Tabelle, DM 10,20

HEFT 56
Forschungsgesellschaft Blechverarbeitung e. V., Düsseldorf
Untersuchungen über einige Probleme der Behandlung von Blechoberflächen
1954, 52 Seiten, 42 Abb., DM 11,20

HEFT 57
Prof. Dr.-Ing. F. A. F. Schmidt, Aachen
Untersuchungen zur Erforschung des Einflusses des chemischen Aufbaues des Kraftstoffes auf sein Verhalten im Motor und in Brennkammern von Gasturbinen
1954, 70 Seiten, 32 Abb., DM 14,60

HEFT 58
Gesellschaft für Kohlentechnik mbH., Dortmund
Herstellung und Untersuchung von Steinkohlenschwelteer
1954, 74 Seiten, 9 Abb., 9 Tabellen, DM 13,75

HEFT 59
Forschungsinstitut der Feuerfest-Industrie e. V., Bonn
Ein Schnellanalysenverfahren zur Bestimmung von Aluminiumoxyd, Eisenoxyd und Titanoxyd in feuerfestem Material mittels organischer Farbreagenzien auf photometrischem Wege
Untersuchungen des Alkali-Gehaltes feuerfester Stoffe mit dem Flammenphotometer nach Riehm-Lange
1954, 62 Seiten, 12 Abb., 3 Tabellen, DM 11,60

HEFT 60
Forschungsgesellschaft Blechverarbeitung e. V., Düsseldorf
Untersuchungen über das Spritzlackieren im elektrostatischen Hochspannungsfeld
1954, 82 Seiten, 53 Abb., 7 Tabellen, DM 17,—

HEFT 61
Verein zur Förderung von Forschungs- und Entwicklungsarbeiten in der Werkzeugindustrie e. V., Remscheid
Schwingungs- und Arbeitsverhalten von Kreissägeblättern für Holz
1954, 54 Seiten, 31 Abb., DM 11,40

HEFT 62
Professor Dr. W. Franz, Institut für theoretische Physik der Universität Münster
Berechnung des elektrischen Durchschlags durch feste und flüssige Isolatoren
1954, 36 Seiten, DM 7,—

HEFT 63
Textilforschungsanstalt Krefeld
Neue Methoden zur Untersuchung der Wirkungsweise von Textilhilfsmitteln
Untersuchungen über Schlichtungs- und Entschlichtungsvorgänge
1954, 34 Seiten, 1 Abb., 5 Tabellen, DM 6,80

HEFT 64
Textilforschungsanstalt Krefeld
Die Kettenlängenverteilung von hochpolymeren Faserstoffen
Über die fraktionierte Fällung von Polyamiden
1954, 44 Seiten, 13 Abb., DM 8,60

HEFT 65
Fachverband Schneidwarenindustrie, Solingen
Untersuchungen über das elektrolytische Polieren von Tafelmesserklingen aus rostfreiem Stahl
1954, 90 Seiten, 38 Abb., 9 Tabellen, DM 17,35

HEFT 66
Dr.-Ing. P. Füsgen VDI †, Düsseldorf
Untersuchungen über das Auftreten des Ratterns bei selbsthemmenden Schneckengetrieben und seine Verhütung
1954, 32 Seiten, 5 Abb., DM 6,60

HEFT 67
Heinrich Wösthoff o. H. G., Apparatebau, Bochum
Entwicklung einer chemisch-physikalischen Apparatur zur Bestimmung kleinster Kohlenoxyd-Konzentrationen
1954, 94 Seiten, 48 Abb., 2 Tabellen, DM 18,25

HEFT 68
Kohlenstoffbiologische Forschungsstation e. V., Essen
Algengroßkulturen im Sommer 1952
II. Über die unsterile Großkultur von Scenedesmus obliquus
1954, 62 Seiten, 3 Abb., 29 Tabellen, DM 11,40

HEFT 69
Wäschereiforschung Krefeld
Bestimmung des Faserabbaues bei Leinen unter besonderer Berücksichtigung der Leinengarnbleiche
1954, 48 Seiten, 15 Abb., 3 Tabellen, DM 9,60

HEFT 70
Wäschereiforschung Krefeld
Trocknen von Wäschestoffen
1954, 52 Seiten, 18 Abb., 3 Tabellen, DM 10,—

HEFT 71
Prof. Dr.-Ing. K. Leist, Aachen
Kleingasturbinen, insbesondere zum Fahrzeugantrieb
1954, 114 Seiten, 85 Abb., DM 22,—

HEFT 72
Prof. Dr.-Ing. K. Leist, Aachen
Beitrag zur Untersuchung von stehenden geraden Turbinengittern mit Hilfe von Druckverteilungsmessungen
1954, 152 Seiten, 111 Abb., DM 36,20

HEFT 73
Prof. Dr.-Ing. K. Leist, Aachen
Spannungsoptische Untersuchungen von Turbinenschaufelfüßen
1954, 66 Seiten, 46 Abb., 2 Tabellen, DM 14,60

HEFT 74
Max-Planck-Institut für Eisenforschung, Düsseldorf
Versuche zur Klärung des Umwandlungsverhaltens eines sonderkarbidbildenden Chromstahls
1954, 58 Seiten, 10 Abb., DM 14,—

HEFT 75
Max-Planck-Institut für Eisenforschung, Düsseldorf
Zeit-Temperatur-Umwandlungs-Schaubilder als Grundlage der Wärmebehandlung der Stähle
1954, 44 Seiten, 13 Abb., DM 8,70

HEFT 76
Max-Planck-Institut für Arbeitsphysiologie, Dortmund
Arbeitstechnische und arbeitsphysiologische Rationalisierung von Mauersteinen
1954, 52 Seiten, 12 Abb., 3 Tabellen, DM 10,20

HEFT 77
Meteor Apparatebau Paul Schmeck GmbH., Siegen
Entwicklung von Leuchtstoffröhren hoher Leistung
1954, 46 Seiten, 12 Abb., 2 Tabellen, DM 9,15

HEFT 78
Forschungsstelle für Acetylen, Dortmund
Über die Zustandsgleichung des gasförmigen Acetylens und das Gleichgewicht Acetylen — Aceton
1954, 42 Seiten, 3 Abb., 8 Tabellen, DM 8,—

HEFT 79
Techn.-Wissenschaftl. Büro für die Bastfaserindustrie, Bielefeld
Trocknung von Leinengarnen III
Spinnspulen- und Spinnkopftrocknung
Vorgang und Einwirkung auf die Garnqualität
1954, 74 Seiten, 18 Abb., 10 Tabellen, DM 14,—

WESTDEUTSCHER VERLAG · KÖLN UND OPLADEN

HEFT 80
Techn.-Wissenschaftl. Büro für die Bastfaserindustrie, Bielefeld
Die Verarbeitung von Leinengarn auf Webstühlen mit und ohne Oberbau
1954, 30 Seiten, 2 Abb., 2 Tabellen, DM 6,—

HEFT 81
Prüf- und Forschungsinstitut für Ziegeleierzeugnisse, Essen-Kray
Die Einführung des großformatigen Einheits-Gitterziegels im Lande Nordrhein-Westfalen
1954, 54 Seiten, 2 Abb., 2 Tabellen, DM 10,—

HEFT 82
Vereinigte Aluminium-Werke AG., Bonn
Forschungsarbeiten auf dem Gebiet der Veredelung von Aluminium-Oberflächen
1954, 46 Seiten, 34 Abb., DM 9,60

HEFT 83
Prof. Dr. S. Strugger, Münster
Über die Struktur der Proplastiden
1954, 30 Seiten, 15 Abb., DM 8,40

HEFT 84
Dr. H. Baron, Düsseldorf
Über Standardisierung von Wundtextilien
1954, 32 Seiten, DM 6,40

HEFT 85
Textilforschungsanstalt Krefeld
Physikalische Untersuchungen an Fasern, Fäden, Garnen und Geweben:
Untersuchungen am Knickscheuergerät nach Weltzien
1954, 40 Seiten, 11 Abb., 8 Tabellen, DM 10,—

HEFT 86
Prof. Dr.-Ing. H. Opitz, Aachen
Untersuchungen über das Fräsen von Baustahl sowie über den Einfluß des Gefüges auf die Zerspanbarkeit
1954, 108 Seiten, 73 Abb., 7 Tabellen, DM 22,—

HEFT 87
Gemeinschaftsausschuß Verzinken, Düsseldorf
Untersuchungen über Güte von Verzinkungen
1954, 68 Seiten, 56 Abb., 3 Tabellen, DM 15,30

HEFT 88
Gesellschaft für Kohlentechnik mbH., Dortmund-Eving
Oxydation von Steinkohle mit Salpetersäure
1954, 62 Seiten, 2 Abb., 1 Tabelle, DM 11,50

HEFT 89
Verein Deutscher Ingenieure, Gleitlagerforschung, Düsseldorf
und Prof. Dr.-Ing. G. Vogelpohl, Göttingen
Versuche mit Preßstoff-Lagern für Walzwerke
1954, 70 Seiten, 34 Abb., DM 14,10

HEFT 90
Forschungs-Institut der Feuerfest-Industrie, Bonn
Das Verhalten von Silikasteinen im Siemens-Martin-Ofengewölbe
1954, 62 Seiten, 15 Abb., 11 Tabellen, DM 11,90

HEFT 91
Forschungs-Institut der Feuerfest-Industrie, Bonn
Untersuchungen des Zusammenhangs zwischen Leistung und Kohlenverbrauch von Kammeröfen zum Brennen von feuerfesten Materialien
1954, 42 Seiten, 6 Abb., DM 8,30

HEFT 92
Techn.-Wissenschaftl. Büro für die Bastfaserindustrie, Bielefeld
und Laboratorium für textile Meßtechnik, M.-Gladbach
Messungen von Vorgängen am Webstuhl
1954, 76 Seiten, 45 Abb., DM 15,50

HEFT 93
Prof. Dr. W. Kast, Krefeld
Spinnversuche zur Strukturerfassung künstlicher Zellulosefasern
1954, 82 Seiten, 39 Abb., 6 Tabellen, DM 16,—

HEFT 94
Prof. Dr. G. Winter, Bonn
Die Heilpflanzen des MATTHIOLUS (1611) gegen Infektionen der Harnwege und Verunreinigung der Wunden bzw. zur Förderung der Wundheilung im Lichte der Antibiotikaforschung
1954, 58 Seiten, 1 Abb., 2 Tabellen, DM 11,50

HEFT 95
Prof. Dr. G. Winter, Bonn
Untersuchungen über die flüchtigen Antibiotika aus der Kapuziner- (Tropaeolum maius) und Gartenkresse (Lepidium sativum) und ihr Verhalten im menschlichen Körper bei Aufnahme von Kapuziner- bzw. Gartenkressensalat per os
1955, 74 Seiten, 9 Abb., 25 Tabellen, DM 14,—

HEFT 96
Dr.-Ing. P. Koch, Dortmund
Austritt von Exoelektronen aus Metalloberflächen unter Berücksichtigung der Verwendung des Effektes für die Materialprüfung
1954, 34 Seiten, 13 Abb., DM 7,—

HEFT 97
Ing. H. Stein, Laboratorium für textile Meßtechnik, M.-Gladbach
Untersuchung der Verzugsvorgänge an den Streckwerken verschiedener Spinnereimaschinen
2. Bericht: Ermittlung der Haft-Gleiteigenschaften von Faserbändern und Vorgarnen
1955, 98 Seiten, 54 Abb., DM 21,—

HEFT 98
Fachverband Gesenkschmieden, Hagen
Die Arbeitsgenauigkeit beim Gesenkschmieden unter Hämmern
1955, 132 Seiten, 55 Abb., 9 Tabellen, DM 24,75

HEFT 99
Prof. Dr.-Ing. G. Garbotz, Aachen
Der Kraft- und Arbeitsaufwand sowie die Leistungen beim Biegen von Bewehrungsstählen in Abhängigkeit von den Abmessungen, den Formen und der Güte der Stähle (Ermittlung von Leistungsrichtlinien)
1955, 136 Seiten, 53 Abb., 3 Anlagen, 18 Tabellen, DM 30,—

HEFT 100
Prof. Dr.-Ing. H. Opitz, Aachen
Untersuchungen über elektrischen Antrieben, Steuerungen und Regelungen an Werkzeugmaschinen
1955, 166 Seiten, 71 Abb., 3 Tabellen, DM 31,30

HEFT 101
Prof. Dr.-Ing. H. Opitz, Aachen
Wirtschaftlichkeitsbetrachtungen beim Außenrundschleifen
1955, 100 Seiten, 56 Abb., 3 Tabellen, DM 19,30

HEFT 102
Dr. P. Hölemann, Ing. R. Hasselmann und Ing. G. Dix, Dortmund
Untersuchungen über die thermische Zündung von explosiblen Acetylenzersetzungen in Kapillaren
1954, 44 Seiten, 5 Abb., 4 Tabellen, DM 8,60

HEFT 103
Prof. Dr. W. Weizel, Bonn
Durchführung von experimentellen Untersuchungen über den zeitlichen Ablauf von Funken in komprimierten Edelgasen sowie zu deren mathematischen Berechnung
1955, 46 Seiten, 12 Abb., DM 9,10

HEFT 104
Prof. Dr. W. Weizel, Bonn
Über den Einfluß der Elektroden auf die Eigenschaften von Cadmium-Sulfid-Widerstands-Photozellen
1955, 48 Seiten, 12 Abb., DM 9,45

HEFT 105
Dr.-Ing. R. Meldau, Harsewinkel/Westf.
Auswertung von Gekörn — Analysen des Musterstaubes „Flugasche Fortuna I"
1955, 42 Seiten, 14 Abb., DM 8,50

HEFT 106
ORR. Dr.-Ing. W. Küch, Dortmund
Untersuchungen über die Einwirkung von feuchtigkeitsgesättigter Luft auf die Festigkeit von Leimverbindungen
1955, 60 Seiten, 10 Abb., 6 Tabellen, DM 11,40

HEFT 107
Prof. Dr. H. Lange und Dipl.-Phys. P. St. Pütter, Köln
Über die Konstruktion von Laboratoriumsmagneten
1955, 66 Seiten, 19 Abb., 1 Tabelle, DM 12,30

HEFT 108
Prof. Dr. W. Fuchs, Aachen
Untersuchungen über neue Beizmethoden und Beizabwässer
I. Die Entzunderung von Drähten mit Natriumhydrid
II. Die Aufbereitung von Beizabwässern
1955, 82 Seiten, 15 Abb., 14 Tabellen, 1 Falttafel, DM 15,25

HEFT 109
Dr. P. Hölemann und Ing. R. Hasselmann, Dortmund
Untersuchungen über die Löslichkeit von Azetylen in verschiedenen organischen Lösungsmitteln
1954, 42 Seiten, 10 Abb., 8 Tabellen, DM 8,30

HEFT 110
Dr. P. Hölemann und Ing. R. Hasselmann, Dortmund
Untersuchungen über den Druckverlauf bei der explosiblen Zersetzung von gasförmigem Azetylen
1955, 54 Seiten, 10 Abb., 5 Tabellen, DM 11,—

HEFT 111
Fachverband Steinzeugindustrie, Köln
Die Entwicklung eines Gerätes zur Beschickung seitlicher Feuer von Steinzeug-Einzelkammeröfen mit festen Brennstoffen
1955, 46 Seiten, 16 Abb., DM 9,40

HEFT 112
Prof. Dr.-Ing. H. Opitz, Aachen
Verschleißmessungen beim Drehen mit aktivierten Hartmetallwerkzeugen
1954, 44 Seiten, 17 Abb., 6 Tabellen, DM 8,80

HEFT 113
Prof. Dr. O. Graf, Dortmund
Erforschung der geistigen Ermüdung und nervösen Belastung: Studien über die vegetative 24-Stunden-Rhythmik in Ruhe und unter Belastung
1955, 40 Seiten, 12 Abb., DM 8,20

HEFT 114
Prof. Dr. O. Graf, Dortmund
Studien über Fließarbeitsprobleme an einer praxisnahen Experimentieranlage
1954, 34 Seiten, 6 Abb., DM 7,—

HEFT 115
Prof. Dr. O. Graf, Dortmund
Studium über Arbeitspausen in Betrieben bei freier und zeitgebundener Arbeit (Fließarbeit) und ihre Auswirkung auf die Leistungsfähigkeit
1955, 50 Seiten, 13 Abb., 2 Tabellen, DM 9,80

HEFT 116
Prof. Dr.-Ing. E. Siebel und Dr.-Ing. H. Weiss, Stuttgart
Untersuchungen an einigen Problemen des Tiefziehens — I. Teil
1955, 74 Seiten, 50 Abb., 5 Tabellen, DM 14,50

HEFT 117
Dr.-Ing. H. Beißwänger, Stuttgart, und Dr.-Ing. S. Schwandt, Trier
Untersuchungen an einigen Problemen des Tiefziehens — II. Teil
1955, 92 Seiten, 34 Abb., 8 Tabellen, DM 17,70

HEFT 118
Prof. Dr. E. A. Müller und Dr. H. G. Wenzel, Dortmund
Neuartige Klima-Anlage zur Erzeugung ungleicher Luft- und Strahlungstemperaturen in einem Versuchsraum
1955, 68 Seiten, 10 z. T. mehrfarb. Abb., DM 14,—

HEFT 119
Dr.-Ing. O. Viertel, Krefeld
Wäscherei- und energietechnische Untersuchung einer Gemeinschafts-Waschanlage
1955, 50 Seiten, 18 Abb., DM 10,20

HEFT 120
Dipl.-Ing. A. Weisbecker, Lüdenscheid
Über Anfressung an Reinstaluminium-Schweißnähten bei der elektrolytischen Oxydation
Gebr. Hörstermann GmbH., Velbert
Entwicklung und Erprobung eines neuartigen Gummibandförderers
1955, 46 Seiten, 18 Abb., DM 9,70

HEFT 121
Dr. H. Krebs, Bonn
I. Die Struktur und die Eigenschaften der Halbmetalle
II. Die Bestimmung der Atomverteilung in amorphen Substanzen
III. Die chemische Bindung in anorganischen Festkörpern und das Entstehen metallischer Eigenschaften
1955, 124 Seiten, 36 Abb., 13 Tabellen, DM 22,90

HEFT 122
Prof. Dr. W. Fuchs, Aachen
Untersuchungen zur Verbesserung der Wasseraufbereitung und Wasseranalyse:
Über die Schnellbewertung von Ionenaustauscher
1955, 62 Seiten, 32 Abb., DM 12,30

HEFT 123
Dipl.-Ing. J. Emondts, Aachen
Über Bodenverformungen bei stark gestörtem und mächtigem, wasserführendem Deckgebirge im Aachener Steinkohlengebiet
1955, 196 Seiten, 37 Abb., 10 Tabellen, DM 28,80

HEFT 124
Prof. Dr. R. Seyffert, Köln
Wege und Kosten der Distribution der Hausratwaren im Lande Nordrhein-Westfalen
1955, 74 Seiten, 25 Tabellen, DM 9,—

WESTDEUTSCHER VERLAG · KÖLN UND OPLADEN

HEFT 125
Prof. Dr. E. Kappler, Münster
Eine neue Methode zur Bestimmung von Kondensations-Koeffizienten von Wasser
1955, 46 Seiten, 11 Abb., 1 Tabelle, DM 9,10

HEFT 126
Prof. Dr.-Ing. J. Mathieu, Aachen
Arbeitszeitvergleich
Grundlagen, Methodik und praktische Durchführung
1955, 70 Seiten, DM 13,—

HEFT 127
Güteschutz Betonstein e. V.,
Arbeitskreis Nordrhein-Westfalen, Dortmund
Die Betonwaren-Gütesicherung im Lande Nordrhein-Westfalen
1955, 58 Seiten, 15 Abb., 3 Tabellen, DM 11,50

HEFT 128
Prof. Dr. O. Schmitz-DuMont, Bonn
Untersuchungen über Reaktionen in flüssigem Ammoniak
1955, 96 Seiten, 11 Abb., 6 Tabellen, DM 17,75

HEFT 129
Prof. Dr.-Ing. J. Mathieu und Dr. C. A. Roos, Aachen
Die Anlernung von Industriearbeitern
I. Ergebnisse einer grundsätzlichen Untersuchung der gegenwärtigen Industriearbeiter-Kurzanlernung
1955, 106 Seiten, DM 19,70

HEFT 130
Prof. Dr.-Ing. J. Mathieu und Dr. C. A. Roos, Aachen
Die Anlernung von Industriearbeitern
II. Beiträge zur Methodenfrage der Kurzanlernung
1955, 108 Seiten, DM 19,90

HEFT 131
Dr. W. Hoerburger, Köln
Versuche zur Biosynthese von Eiweiß aus Kohlenwasserstoff
1955, 34 Seiten, 2 Abb., DM 6,90

HEFT 132
Prof. Dr. W. Seith, Münster
Über Diffusionserscheinungen in festen Metallen
1955, 42 Seiten, 19 Abb., 4 Tabellen, DM 9,10

HEFT 133
Prof. Dr. E. Jenckel, Aachen
Über einen für Schwermetalle selektiven Ionenaustauscher
1955, 48 Seiten, 8 Abb., 13 Tabellen, DM 9,50

HEFT 134
Prof. Dr.-Ing. H. Winterhager, Aachen
Über die elektrochemischen Grundlagen der Schmelzfluß-Elektrolyse von Bleisulfid in geschmolzenen Mischungen mit Bleichlorid
1955, 54 Seiten, 20 Abb., 5 Tabellen, DM 11,80

HEFT 135
Prof. Dr.-Ing. K. Krekeler und Dr.-Ing. H. Peukert, Aachen
Die Änderung der mechanischen Eigenschaften thermoplastischer Kunststoffe durch Warmrecken
1955, 54 Seiten, 27 Abb., DM 11,10

HEFT 136
Dipl.-Phys. P. Pilz, Remscheid
Über spezielle Probleme der Zerkleinerungstechnik von Weichstoffen
1955, 58 Seiten, 19 Abb., 2 Tabellen, DM 11,50

HEFT 137
Prof. Dr. W. Baumeister, Münster
Beiträge zur Mineralstoffernährung der Pflanzen
1955, 64 Seiten, 6 Tabellen, DM 11,80

HEFT 138
Dr. P. Hölemann und Ing. R. Hasselmann, Dortmund
Untersuchungen über die Zersetzungswärme von gasförmigem und in Azeton gelöstem Azetylen
1955, 54 Seiten, 8 Abb., 7 Tabellen, DM 10,40

HEFT 139
Prof. Dr. W. Fuchs, Aachen
Studien über die thermische Zersetzung der Kohle und die Kohlendestillatprodukte
1955, 64 Seiten, 20 Abb., 22 Tabellen, DM 11,80

HEFT 140
Dr.-Ing. G. Hausberg, Essen
Modellversuche an Zyklonen
1955, 78 Seiten, 24 Abb., DM 15,70

HEFT 141
Dr. J. van Calker und Dr. R. Wienecke, Münster
Untersuchungen über den Einfluß dritter Analysenpartner auf die spektrochemische Analyse
1955, 42 Seiten, 15 Abb., DM 9,10

HEFT 142
Dipl.-Ing. G. M. F. Wiebel, Hannover, A. Konermann und A. Ottenheym, Sennelager
Entwicklung eines Kalksandleichtsteines
1955, 38 Seiten, 4 Abb., DM 8,—

HEFT 143
Prof. Dr. F. Wever, Dr. A. Rose und Dipl.-Ing. W. Straßburg, Düsseldorf
Härtbarkeit und Umwandlungsverhalten der Stähle
1955, 50 Seiten, 12 Abb., 3 Tabellen, DM 10,70

HEFT 144
Prof. Dr. H. Wurmbach, Bonn
Steuerung von Wachstum und Formbildung
1955, 48 Seiten, 19 Abb., DM 10,30

HEFT 145
Dr. G. Hennemann, Werdohl (Westf.)
Beitrag zur Interpretation der modernen Atomphysik
1955, 34 Seiten, DM 10,—

HEFT 146
Dr.-Ing. F. Gruß, Düsseldorf
Sterilisation mit Heißluft
1955, 34 Seiten, 10 Abb., DM 7,70

HEFT 147
Dr.-Ing. W. Rudisch, Unna
Untersuchung einer drehelastischen Elektromagnet-Synchronkupplung
1955, 82 Seiten, 65 Abb., DM 17,70

HEFT 148
Prof. Dr. H. Bittel u. Dipl.-Phys. L. Storm, Münster
Untersuchungen über Widerstandsrauschen
1955, 40 Seiten, 5 Abb., DM 8,40

HEFT 149
Dipl.-Ing. K. Konopicky und Dipl.-Chem. P. Kampa, Bonn
I. Beitrag zur flammenphotometrischen Bestimmung des Calciums.
Dr.-Ing. K. Konopicky, Bonn
II. Die Wanderung von Schlackenbestandteilen in feuerfesten Baustoffen
1955, 54 Seiten, 10 Abb., 5 Tabellen, DM 11,—

HEFT 150
Prof. Dr.-Ing. O. Kienzle und Dipl.-Ing. W. Timmerbeil, Hannover
Das Durchziehen enger Kragen an ebenen Fein- und Mittelblechen
1955, 52 Seiten, 20 Abb., 8 Tabellen, DM 11,30

HEFT 151
Dipl.-Ing. P. Karabasch, Aachen
Feststellung des optimalen Gasgehaltes von Bronzen zur Erzielung druckdichter Gußstücke
1956, 64 Seiten, 31 Abb., 5 Tabellen, DM 13,90

HEFT 152
Dipl.-Ing. G. Müller, Köln
Ermittlung der Laufeigenschaften (Vergießbarkeit) von Bronze und Rotguß mittels der Schneider-Gießspirale
1955, 60 Seiten, 33 Abb., DM 13,30

HEFT 153
Prof. Dr. F. Wever, Dr.-Ing. W. A. Fischer und Dipl.-Ing. J. Engelbrecht, Düsseldorf
I. Die Reduktion sauerstoffhaltiger Eisenschmelzen im Hochvakuum mit Wasserstoff und Kohlenstoff
II. Einfluß geringer Sauerstoffgehalte auf das Gefüge und Alterungsverhalten von Reineisen
1955, 54 Seiten, 15 Abb., 2 Tabellen, DM 12,40

HEFT 154
Prof. Dr.-Ing. P. Bardenheuer und Dr.-Ing. W. A. Fischer, Düsseldorf
Die Verschlackung von Titan aus Stahlschmelzen im sauren und basischen Hochfrequenzofen unter verschiedenen Schlacken
1955, 36 Seiten, 10 Abb., 1 Tabelle, DM 7,95

HEFT 155
Dipl.-Phys. K. H. Schirmer, München
Die auf Grau abgestimmte Farbwiedergabe im Dreifarbenbuchdruck
1955, 46 Seiten, 17 Abb., 2 Farbtafeln, DM 10,—

HEFT 156
Prof. Dr.-Ing. B. von Borries und Mitarbeiter, Düsseldorf
Die Entwicklung regelbarer permanentmagnetischer Elektronenlinsen hoher Brechkraft und eines mit ihnen ausgerüsteten Elektronenmikroskopes neuer Bauart
1956, 102 Seiten, 52 Abb., DM 22,55

HEFT 157
Dr. W. Jawtusch, Dr. G. Schuster und Prof. Dr.-Ing. R. Jaeckel, Bonn
Untersuchungen über die Stoßvorgänge zwischen neutralen Atomen und Molekülen
1955, 48 Seiten, 15 Abb., 3 Tabellen, DM 10,50

HEFT 158
Dipl.-Ing. W. Rosenkranz, Meinerzhagen
Ein Beitrag zum Problem der Spannungskorrosion bei Preßprofilen und Preßteilen aus Aluminium-Legierungen
1956, 112 Seiten, 61 Abb., 5 Tabellen, DM 27,40

HEFT 159
Dr.-Ing. O. Viertel und O. Oldenroth, Krefeld
Das Bleichen von Weißwäsche mit Wasserstoffsuperoxyd bzw. Natriumhypochlorit beim maschinellen Waschen
1955, 54 Seiten, 23 Abb., 2 Tabellen, DM 11,45

HEFT 160
Prof. Dr. W. Klemm, Münster
Über neue Sauerstoff- und Fluor-haltige Komplexe
1955, 50 Seiten, 13 Abb., 7 Tabellen, DM 10,80

HEFT 161
Prof. Dr. W. Weltzien und Dr. G. Hauschild, Krefeld
Über Silikone und ihre Anwendung in der Textilveredlung
1955, 162 Seiten, 22 Abb., 10 Tabellen, DM 27,—

HEFT 162
Prof. Dr. F. Wever, Prof. Dr. A. Kochendörfer und Dr.-Ing. Chr. Rohrbach, Düsseldorf
Kennzeichnung der Sprödbruchneigung von Stählen durch Messung der Fließspannung, Reißspannung und Brucheinschnürung an dreiachsig beanspruchten Proben
1955, 58 Seiten, 26 Abb., DM 13,—

HEFT 163
Dipl.-Ing. W. Rohs und Text.-Ing. H. Griese, Bielefeld
Untersuchungsarbeiten zur Verbesserung des Leinenwebstuhls III
1955, 80 Seiten, 15 Abb., 18 Tabellen, DM 15,80

HEFT 164
Dr.-Ing. H. Schmachtenberg, Köln
Neuartige Prüfeinrichtungen für Kraftfahrzeuge
1955, 44 Seiten, 23 Abb., DM 9,60

HEFT 165
Dr.-Ing. W. Wilhelm, Aachen
Instationäre Gasströmung im Auspuffsystem eines Zweitaktmotors
1955, 62 Seiten, 31 Abb., 8 Tabellen, DM 13,60

HEFT 166
Prof. Dr. M. v. Stackelberg, Dr. H. Heindze, Dr. H. Hübschke und Dr. K. H. Frangen, Bonn
Kolloidchemische Untersuchungen
1955, 106 Seiten, 8 Abb., 13 Tabellen, DM 21,25

HEFT 167
Prof. Dr.-Ing. F. Schuster, Essen
I. Über die Heißkarburierung von Brenngasen mit Ölen und Teeren
II. Die Strahlungsvorgänge in brennstoffbeheizten Öfen bei verschiedenen Verbrennungsatmosphären
1955, 38 Seiten, 8 Abb., DM 8,30

HEFT 168
Prof. Dr.-Ing. F. Schuster, Essen
I. Luftvorwärmung an Gasfeuerungen
II. Heizwerthöhe von Brenngasen und Wirkungsgrad sowie Gasverbrauch bei der Gasverwendung
III. Sauerstoffangereicherte Luft und feuerungstechnische Kenngrößen von Brenngasen
1955, 60 Seiten, 18 Abb., DM 12,50

HEFT 169
Forschungsinstitut für Pigmente und Lacke, Stuttgart
Arbeiten über die Bestimmung des Gebrauchswertes von Lackfilmen durch physikalische Prüfungen
1955, 70 Seiten, 23 Abb., 4 Tabellen, DM 15,—

HEFT 170
Prof. Dr. F. Wever, Dr. A. Rose und Dipl.-Ing. L. Rademacher, Düsseldorf
Anwendung der Umwandlungsschaubilder auf Fragen der Werkstoffauswahl beim Schweißen und Flammhärten
1955, 64 Seiten, 25 Abb., DM 13,70

HEFT 171
Wäschereiforschung Krefeld
Untersuchung der Wäscheentwässerung mit Hilfe von Zentrifugen und Pressen
1955, 42 Seiten, 16 Abb., 4 Tabellen, DM 9,70

HEFT 172
Dipl.-Ing. W. Rohs, Dr.-Ing. G. Satlow und Text.-Ing. G. Heller, Bielefeld
Trocknung von Hanfgarnen. Kreuzspultrocknung
1955, 60 Seiten, 7 Abb., 4 Tabellen, DM 10,30

HEFT 173
Prof. Dr. R. Hosemann und Dipl.-Phys. G. Schoknecht, Berlin, vorgelegt von Prof. Dr. W. Kast, Krefeld
Lichtoptische Herstellung und Diskussion der Faltungsquadrate parakristalliner Gitter
1956, 108 Seiten, 63 Abb., 6 Tabellen, DM 24,70

HEFT 174
Prof. Dr. W. von Fragstein, Dr. J. Meingast und H. Hoch, Köln
Herstellung von Solen einheitlicher Teilchengröße und Ermittlung ihrer optischen Eigenschaften
1955, 78 Seiten, 80 Abb., 4 Tabellen, DM 18,25

HEFT 175
Dr.-Ing. H. Zeller, Aachen
Beitrag zur eindimensionalen stationären und nichtstationären Gasströmung mit Reibung und Wärmeleitung insbesondere in Rohren mit unstetigen Querschnittsänderungen
1956, 138 Seiten, 56 Abb., DM 29,30

HEFT 176
Dipl.-Ing. H. Schöberl, Duisburg
Über die Methoden zur Ermittlung der Verbrennungstemperatur von Brennstoffen und ein Vorschlag zu ihrer Verbesserung
1955, 30 Seiten, 3 Abb., DM 6,50

HEFT 177
Dipl.-Ing. H. Stüdemann, Solingen, und Dr.-Ing. W. Müchler, Essen
Entwicklung eines Verfahrens zur zahlenmäßigen Bestimmung der Schneideigenschaften von Messerklingen
1956, 104 Seiten, 68 Abb., 4 Tabellen, DM 22,20

HEFT 178
Prof. Dr. M. von Stackelberg u. Dr. W. Hans, Bonn
Untersuchungen zur Ausarbeitung und Verbesserung von polarographischen Analysenmethoden
1955, 46 Seiten, 14 Abb., 2 Tabellen, DM 10,50

HEFT 179
Dipl.-Ing. H. F. Reineke, Bochum
Entwicklungsarbeiten auf dem Gebiete der Meß- und Regeltechnik
1955, 46 Seiten, 10 Abb., DM 10,—

HEFT 180
Dr.-Ing. W. Piepenburg, Dipl.-Ing. B. Bühling und Bauing. J. Behnke, Köln
Putzarbeiten im Hochbau und Versuche mit aktiviertem Mörtel und mechanischem Mörtelauftrag
1955, 116 Seiten, 31 Abb., 68 Tabellen, DM 23,—

HEFT 181
Prof. Dr. W. Franz, Münster
Theorie der elektrischen Leitvorgänge in Halbleitern und isolierenden Festkörpern bei hohen elektrischen Feldern
1955, 28 Seiten, 2 Abb., 1 Tabelle, DM 6,20

HEFT 182
Dr.-Ing. P. Schenk u. Dr. K. Osterloh, Düsseldorf
Katalytisch-thermische Spaltung von gasförmigen und flüssigen Kohlenwasserstoffen zur Spitzengaserzeugung
1955, 50 Seiten, 11 Abb., 11 Tabellen, DM 10,90

HEFT 183
Dr. W. Bornheim, Köln
Entwicklungsarbeiten an Flaschen- und Ampullen-Behandlungsmaschinen für die pharmazeutische Industrie
1956, 48 Seiten, 24 Abb., DM 11,70

HEFT 184
Dr.-Ing. E. Printz, Kettwig
Vollhydraulische Parallel-Kupplung für Ackerschlepper
1955, 32 Seiten, 4 Abb., DM 7,80

HEFT 185
Dipl.-Ing. W. Rohs und Text.-Ing. G. Heller, Bielefeld
Studien an einem neuzeitlichen Kreuzspultrockner für Bastfasergarne mit Wiederbefeuchtungszone
1955, 52 Seiten, 9 Abb., 3 Tabellen, DM 10,70

HEFT 186
Dr. E. Wedekind, Krefeld
Untersuchungen zur Arbeitsbestgestaltung bei der Fertigstellung von Oberhemden in gewerblichen Wäschereien
1955, 124 Seiten, 28 Abb., 6 Tabellen, 2 Falttaf., DM 12,—

HEFT 187
Dipl.-Ing. F. Göttgens, Essen
Über die Eigenarten der Bimetall-, Thermo- und Flammenionisationssicherungsmethode in ihrer Anwendung auf Zündsicherungen
1955, 40 Seiten, 6 Abb., 4 Tabellen, DM 8,40

HEFT 188
W. Kinnebrock, Langenberg (Rhld.)
Der Einfluß des Austausches gleicher Gaskochbrenner bzw. Gaskochbrennerteile auf den Wirkungsgrad und insbesondere auf den CO-Gehalt der Verbrennungsgase
1955, 42 Seiten, 7 Tabellen, DM 8,70

HEFT 189
Fa. E. Leybold's Nachfolger, Köln
I. Ausgewählte Kapitel aus der Vakuumtechnik
II. Zum Verlust anorganisch-nichtflüchtiger Substanzen während der Gefriertrocknung
1955, 52 Seiten, 16 Abb., 3 Tabellen, DM 11,20

HEFT 190
Prof. Dr. A. Neuhaus, Prof. Dr. O. Schmitz-DuMont und Dipl.-Chem. H. Reckhard, Bonn
Zur Kenntnis der Alkalititanate
1955, 60 Seiten, 13 Abb., 1 Tabelle, DM 12,20

HEFT 191
Dr. H. Söhngen, Darmstadt
Schwingungsverhalten eines Schaufelkranzes im Vakuum
1955, 36 Seiten, 7 Abb., DM 7,80

HEFT 192
Dipl.-Phys. E. M. Schneider, München
Kohlebogenlampen für Aufnahme und Kopie
1955, 48 Seiten, 21 Abb., 3 Tabellen, DM 10,60

HEFT 193
Prof. Dr. O. Schmitz-DuMont, Bonn
Untersuchungen über neue Pigmentfarbstoffe
1956, 50 Seiten, 16 Abb., 8 Tabellen, DM 11,20

HEFT 194
Dr. K. Hecht, Köln
Entwicklung neuartiger physikalischer Unterrichtsgeräte
1955, 42 Seiten, 16 Abb., DM 9,90

HEFT 195
Dr.-Ing. E. Rößger, Köln
Gedanken über einen neuen deutschen Luftverkehr
1955, 342 Seiten, 29 Abb., 122 Tabellen, DM 50,—

HEFT 196
Dipl.-Ing. W. Rohs, und Text.-Ing. H. Griese, Bielefeld
Auswirkungen von Garnfehlern bei der Verarbeitung von Leinengarnen
1955, 36 Seiten, 3 Abb., 6 Tabellen, DM 7,80

HEFT 197
Dr. E. Wedekind, Krefeld
Untersuchungen zur Bestimmung der optimalen Arbeitsplatzgröße bei Mehrstuhlarbeit in der Weberei
1955, 92 Seiten, 34 Abb., 2 Tabellen, DM 18,50

HEFT 198
Prof. Dr. J. Weissinger, Karlsruhe
Zur Aerodynamik des Ringflügels. Die Druckverteilung dünner, fast drehsymmetrischer Flügel in Unterschallströmung
1955, 42 Seiten, 5 Abb., DM 9,—

HEFT 199
Textilforschungsanstalt Krefeld
Die Messung von Gewebetemperaturen mittels Temperaturstrahlung
1955, 50 Seiten, 12 Abb., 4 Tabellen, DM 10,90

HEFT 200
R. Seipenbusch, Langenberg (Rhld.)
Spitzengas durch Zusatz von Flüssiggas-Wassergas- und Flüssiggas-Generatorgas-Gemischen zu Stadtgas
1955, 48 Seiten, 21 Abb., DM 10,35

HEFT 201
Dr.-Ing. E. W. Pleines, Frankfurt/Main
Die Sicherheit im Luftverkehr
1956, 194 Seiten, 39 Abb., 19 Tabellen, DM 39,45

HEFT 202
Dipl.-Ing. D. Fiecke, Stuttgart/Zuffenhausen
Die Bestimmung der Flugzeugpolaren für Entwurfszwecke. I. Teil: Unterlagen
in Vorbereitung

HEFT 203
Dr. G. Wandel, Bonn
Uferbewachsung und Lebendverbauung an den Nordwestdeutschen Kanälen und ihren Zuflüssen sowie an der Ruhr
in Vorbereitung

HEFT 204
Dipl.-Ing. B. Naendorf, Langenberg (Rhld.)
Bestimmung der Brenneigenschaften und des Brennverhaltens verschiedener Gasarten und Einfluß verschiedener Düsengestaltung
1955, 32 Seiten, DM 7,10

HEFT 205
Dr. C. Schaarwächter, Düsseldorf
Über plastische Kupfer-Eisen-Phosphor-Legierungen
1956, 36 Seiten, 10 Abb., 10 Tabellen, DM 8,30

HEFT 206
Dr. P. Hölemann, Ing. R. Hasselmann und Ing. G. Dix, Dortmund
Untersuchungen über die Vorgänge bei der Zersetzung von in Azeton gelöstem Azetylen
1956, 74 Seiten, 7 Abb., 7 Tabellen, DM 15,55

HEFT 207
Prof. Dr.-Ing. H. Opitz, Dipl.-Ing. K. H. Fröhlich und Dipl.-Ing. H. Siebel, Aachen
Richtwerte für das Fräsen von unlegierten und legierten Baustählen mit Hartmetall. I. Teil
in Vorbereitung

HEFT 208
Prof. Dr.-Ing. H. Müller, Essen
Untersuchungen an Elektrowärmegeräten für Laienbedienung hinsichtlich Sicherheit und Gebrauchsfähigkeit. I. Untersuchungen an Kochplatten
in Vorbereitung

HEFT 209
Dr. K. Bunge, Leverkusen
Materialabbau in Funkenentladungen. Untersuchungen an Zinkkathoden
1956, 54 Seiten, 10 Abb., 5 Tabellen, DM 11,40

HEFT 210
Dr. W. Porschen und Prof. Dr. W. Riezler, Bonn
Langlebige Alphaaktivitäten bei natürlichen Elementen
1955, 40 Seiten, 5 Abb., 4 Tabellen, DM 8,80

HEFT 211
Prof. Dipl.-Ing. W. Sturtzel und Dr.-Ing. W. Graff, Duisburg
Die Versuchsanstalt für Binnenschiffbau, Duisburg
1956, 48 Seiten, 22 Abb., DM 11,—

HEFT 212
Dipl.-Ing. H. Spodig, Selm
Untersuchung zur Anwendung der Dauermagnete in der Technik
1955, 44 Seiten, 25 Abb., DM 9,80

HEFT 213
Dipl.-Ing. K. F. Rittinghaus, Aachen
Zusammenstellung eines Meßwagens für Bau- und Raumakustik
in Vorbereitung

HEFT 214
Dr.-Ing. J. Endres, München
Berechnung der optimalen Leistungen, Kraftstoffverbräuche und Wirkungsgrade bei Einkreis-Turbolader-Strahltriebwerken am Boden und in der Höhe bei Fluggeschwindigkeiten von 0—2000 km/h
1956, 72 Seiten, 18 Abb., 8 Tabellen, DM 15,40

HEFT 215
Prof. Dr.-Ing. H. Opitz und Dr.-Ing. G. Weber, Aachen
Einfluß der Wärmebehandlung von Baustählen auf Spanentstehung, Schnittkraft- und Standzeitverhalten
in Vorbereitung

HEFT 216
Dr. E. Kloth, Köln
Untersuchungen über die Ausbreitung kurzer Schallimpulse bei der Materialprüfung mit Ultraschall
1956, 90 Seiten, 60 Abb., 4 Tabellen, DM 19,40

HEFT 217
Rationalisierungskuratorium der Deutschen Wirtschaft (RKW), Frankfurt/Main
Typenvielzahl bei Haushaltgeräten und Möglichkeiten einer Beschränkung
1956, 328 Seiten, 2 Abb., 181 Tabellen, DM 49,50

HEFT 218
Dr. F. Keune, Aachen
Bericht über eine Theorie der Strömung um Rotationskörper ohne Anstellung bei Machzahl Eins
1955, 40 Seiten, 8 Abb., 5 Formelblätter, DM 8,80

HEFT 219
Prof. Dr. W. Fuchs, Aachen
Untersuchungen zur Holzabfallverwertung und zur Chemie des Lignins
1955, 54 Seiten, 11 Abb., 15 Tabellen, DM 11,40

WESTDEUTSCHER VERLAG · KÖLN UND OPLADEN

HEFT 220
Prof. Dr. W. Fuchs, Aachen
Die Entwicklung neuer Regel- und Kontroll-Apparate zur coulometrischen Analyse
1956, 76 Seiten, 17 Abb., 23 Tabellen, DM 15,50

HEFT 221
Dr. W. Meyer-Eppler, Bonn
Experimentelle Untersuchungen zum Mechanismus von Stimme und Gehör in der lautsprachlichen Kommunikation
1955, 56 Seiten, 24 Abb., DM 13,45

HEFT 222
Dr. L. Kollner, Münster, und Dipl.-Volkswirt M. Kaiser, Bochum
Die internationale Wettbewerbsfähigkeit der westdeutschen Wollindustrie
1956, 214 Seiten, DM 39,50

HEFT 223
Dr.-Ing. K. Alberti und Dr. F. Schwarz, Köln
Über das Problem Hartbrand - Weichbrand
1956, 54 Seiten, 25 Abb., 14 Tabellen, DM 12,10

HEFT 224
Dipl.-Ing. H. Stüdeman und Ing. R. Beu, Solingen
Verfahren zur Prüfung der Korrosionsbeständigkeit von Messerklingen aus rostfreiem Stahl
1956, 82 Seiten, 28 Abb., DM 16,90

HEFT 225
Dr.-Ing. E. Barz, Remscheid
Der Spannungszustand von Gattersägeblättern
in Vorbereitung

HEFT 226
Technisch-wissenschaftliches Büro für die Bastfaserindustrie, Bielefeld
Untersuchungen zur Verbesserung des Leinenwebstuhles IV
Die Wirkung verschiedener Kettbaumbremsen auf die Verwebung von Leinengarnen
1956, 64 Seiten, 9 Abb., 4 Tabellen, DM 13,50

HEFT 227
Prof. Dr. F. Wever, Düsseldorf und Dr. W. Wepner, Köln
Untersuchung der Alterungsneigung von weichen unlegierten Stählen durch Härteprüfung bei Temperaturen bis 300 Grad C
1956, 34 Seiten, 20 Abb., 3 Tabellen, DM 7,95

HEFT 228
Prof. Dr. F. Wever, Dr. W. Koch, Düsseldorf und Dr. B. A. Steinkopf, Dortmund
Spektrochemische Grundlagen der Analyse von Gemischen aus Kohlenmonoxyd, Wasserstoff und Stickstoff
in Vorbereitung

HEFT 229
Prof. Dr. F. Wever, Dr. W. Koch und Dr.-Ing. H. Malissa, Düsseldorf
Über die Anwendung disubstituierter Dithiocarbamate der analytischen Chemie
1956, 44 Seiten, 30 Abb., 5 Tabellen, DM 10,50

HEFT 230
Prof. Dr. F. Wever, Düsseldorf und Dr. W. Wepner, Köln
Bestimmung kleiner Kohlenstoffgehalte im Alpha-Eisen durch Dämpfungsmessung
1956, 34 Seiten, 5 Abb., 2 Tabellen, DM 7,70

HEFT 231
Dr.-Ing. W. Küch, Dortmund
Über die Wechselwirkung zwischen Holzschutzbehandlung und Verleimung
1956, 48 Seiten, 10 Abb., 8 Tabellen, DM 10,40

HEFT 232
Prof. Dr.-Ing. O. Kienzle, Hannover und Dr.-Ing. H. Münnich, Schweinfurt
Feststellung der Spannungen und Dehnungen und Bruchdrehzahlen der unter Fliehkraft und Bearbeitungskraft beanspruchten Schleifkörper
in Vorbereitung

HEFT 233
Dr. H. Haase, Hamburg
Infrarot-Bibliographie
1956, 90 Seiten, DM 17,80

HEFT 234
Dr.-Ing. K. G. Speith und Dr.-Ing. A. Bungeroth, Duisburg
Versuche zur Steigerung des Kokillen-Schluckvermögens beim Stranggießen von Stahl
1956, 26 Seiten, 5 Abb., DM 6,15

HEFT 235
Prof. Dr.-Ing. K. Leist und Dipl.-Ing. W. Dettmering, Aachen
Turbinenschaufeln aus Kunststoff für Kaltluftversuchsanlagen
1956, 46 Seiten, 43 Abb., 3 Tabellen, DM 12,30

HEFT 236
Dr.-Ing. O. Viertel und S. Lucas, Krefeld
Ergebnisse einer Hausfrauenbefragung über Wascheinrichtungen und Waschmethoden in städtischen Haushaltungen
1956, 34 Seiten, 4 Abb., DM 7,60

HEFT 237
Dr. P. Endler und Dr. H. Ludes, Köln
Bericht über eine Studienreise zur Orientierung der heutigen Behandlung der Lungentuberkulose in den Vereinigten Staaten von Nordamerika
1956, 32 Seiten, DM 7,10

HEFT 238
Institut für textile Meßtechnik, M.-Gladbach, e.V.
Untersuchung der Verzugsvorgänge an den Streckwerken verschiedener Spinnereimaschinen. 3. Bericht: Theoretische Betrachtungen über den Einfluß schlagender Zylinder und Druckrollen
in Vorbereitung

HEFT 239
Prof. Dr.-Ing. K. Leist und Dipl.-Ing. H. Scheele, Aachen und Dipl.-Ing. F. H. Flottmann, Herne
Versuche an einem neuartigen luftgekühlten Hochleistungs-Kolbenkompressor
in Vorbereitung

HEFT 240
Prof. Dr.-Ing. K. Leist und Dipl.-Ing. H. Scheele, Aachen
Temperaturmessungen an einem einstufigen luftgekühlten 4-Zylinder-Kolbenkompressor mit Kühlgebläse
in Vorbereitung

HEFT 241
Prof. Dr.-Ing. K. Leist und Dipl.-Ing. M. Pötke, Aachen
Leistungsversuche an einem Kühlluftgebläse
in Vorbereitung

HEFT 242
Prof. Dr.-Ing. K. Leist und Dipl.-Ing. K. Graf, Aachen
Straßenfahrzeuge mit Gasturbinenantrieb
in Vorbereitung

HEFT 243
Prof. Dr.-Ing. K. Leist und Dipl.-Ing. S. Förster, Aachen
Die französische Kleingasturbine Artouste — 1. Teil
in Vorbereitung

HEFT 244
Prof. Dr. F. Wever, Dr. W. Koch und Dr. S. Eckhard, Düsseldorf
Erfahrungen mit der spektrochemischen Analyse von Gefügebestandteilen des Stahles
1956, 32 Seiten, 8 Abb., 2 Tabellen, DM 7,80

HEFT 245
Prof. Dr.-Ing. K. Krekeler, Aachen
Das Verbinden von Metallen durch Kunstharzkleber. Teil I: Eigenschaften und Verwendung der Metallklebstoffe
1956, 48 Seiten, 8 Abb., DM 10,25

HEFT 246
Prof. Dr.-Ing. K. Krekeler, Aachen
Das Verbinden von Metallen durch Kunstharzkleber. Teil II: Untersuchungen an geklebten Leichtmetall-Verbindungen
in Vorbereitung

HEFT 247
Dr. H. Söhngen, Darmstadt
Strömung vor einem Überschall-Laufrad
1956, 26 Seiten, 4 Abb., DM 7,60

HEFT 248
Rheinische Aktiengesellschaft für Braunkohlenbergbau und Brikettfabrikation, Köln
Untersuchung der Bindemitteleigenschaften von Braunkohlenfilteraschen
in Vorbereitung

HEFT 249
Dr. M.-E. Meffert, Essen
Weitere Kulturversuche Scenedesmus obliquus
1956, 36 Seiten, 5 Abb., 10 Tabellen, DM 8,—

HEFT 250
Dr. F. Schwarz und Dr.-Ing. K. Alberti, Köln
Entwicklung von Untersuchungsverfahren zur Gütebeurteilung von Industriekalken
in Vorbereitung

HEFT 251
Prof. Dr. H. Bittel, Münster
Zur Statistik der ferromagnetischen Elementarvorgänge und ihren Einfluß auf das Barkhausenrauschen
in Vorbereitung

HEFT 252
Dipl.-Ing. H. Frings, Geilenkirchen
Die Wirkung abfallender Wetterführung auf Wettertemperatur, Grubengasgehalt und Staubbildung
in Vorbereitung

HEFT 253
Dipl.-Ing. S. Schirmanski, Bergbausen
Stand und Auswertung der Forschungsarbeiten über Temperatur- und Feuchtigkeitsgrenzen bei der bergmännischen Arbeit
in Vorbereitung

HEFT 254
Prof. Dr. R. Danneel, Bonn
Quantitative Untersuchungen über die Entwicklung des Ehrlich-Ascitesturmos bei Inzuchtmäusen
in Vorbereitung

HEFT 255
Ing. B. v. Schlippe, Bad Nauheim
Strömung von Flüssigkeiten mit temperaturabhängiger Zähigkeit (Kühlung von Ölen)
1956, 54 Seiten, 12 Abb., 4 Tabellen, DM 11,70

HEFT 256
Prof. Dr. C. Schmieden und Dipl.-Math. K. H. Müller, Darmstadt
Die Strömung einer Quellstrecke im Halbraum — eine strenge Lösung der Navier-Stokes-Gleichungen
1956, 40 Seiten, 9 Abb., DM 8,80

HEFT 257
Prof. Dr. G. Lehmann und Dr. J. Tamm, Dortmund
Die Beeinflussung vegetativer Funktionen des Menschen durch Geräusche
in Vorbereitung

HEFT 258
Dr. H. Paul, Linz (Rhein) und Prof. Dr. O. Graf, Dortmund
Zur Frage der Unfälle im Bergbau
1956, 52 Seiten, 9 Abb., 22 Tabellen, DM 11,20

HEFT 259
Prof. Dr. W. Linke, Aachen
Strömungsvorgänge in künstlich belüfteten Räumen
1956, 52 Seiten, 37 Abb., 1 Tabelle, DM 11,80

HEFT 260
Prof. Dr. W. Kast, Freiburg (Br.), Prof. Dr. A. H. Stuart und Dipl.-Phys. H. G. Fendler, Hannover
Lichtzerstreuungsmessungen an Lösungen hochpolymerer Stoffe
in Vorbereitung

HEFT 261
Prof. Dr. W. Kast, Freiburg (Br.)
Feinstruktur-Untersuchungen an künstlichen Zellulosefasern verschiedener Herstellungsverfahren. Teil II: Der Kristallisationszustand
in Vorbereitung

HEFT 262
Dr.-Ing. W. Batel, Aachen
Untersuchungen zur Absiebung feuchter, feinkörniger Haufwerke und Schwingsieben
in Vorbereitung

HEFT 263
Prof. Dr. H. Lange und Dipl.-Phys. R. Kohlhaas, Köln
Über die Wärmeleitfähigkeit von Stählen bei hohen Temperaturen: Teil I: Literaturbericht
in Vorbereitung

HEFT 264
Prof. Dr. W. Weizel, Bonn
Durch schnelle Funkenzusammenbrüche ausgelöste Signale auf einer Leitung
1956, 26 Seiten, 4 Abb., 3 Tabellen, DM 6,10

HEFT 265
Prof. Dr. F. Micheel und Dr. R. Engel, Münster
Eine Apparatur zur elektrophoretischen Trennung von Stoffgemischen
in Vorbereitung

HEFT 266
Fliesen-Beratungsstelle Bad Godesberg-Mehlem
Güteeigenschaften keramischer Wand- und Bodenfliesen und deren Prüfmethoden
1956, 32 Seiten, DM 7,10

HEFT 267
Prof. Dr. W. Weizel und B. Brandt, Bonn
Zur Stabilität stromstarker Glimmentladungen
1956, 36 Seiten, 7 Abb., DM 8,40

HEFT 268
Prof. Dr.-Ing. G. Vogelpohl, Göttingen
Über die Tragfähigkeit von Gleitlagern und ihre Berechnung
in Vorbereitung

WESTDEUTSCHER VERLAG · KÖLN UND OPLADEN

HEFT 269
Markscheider R. Bals, Bochum
Eignung des Gebirgsankerausbaus zur Erleichterung des Streckenvortriebs im Steinkohlenbergbau
in Vorbereitung

HEFT 270
Dr. H. Krebs und Mitarbeiter, Bonn
Die Trennung von Racematen auf chromatographischem Wege
in Vorbereitung

HEFT 271
Prof. Dr.-Ing. H. Opitz und Dipl.-Ing. H. Axer, Aachen
Beeinflussung des Verschleißverhaltens bei spanenden Werkzeugen durch flüssige und gasförmige Kühlmittel und elektrische Maßnahmen
in Vorbereitung

HEFT 272
Prof. Dr. W. Fuchs und Dr. H. Dresia, Aachen
Untersuchungen über die Schnellverbrennung und Schnellvergasung fester Brennstoffe
in Vorbereitung

HEFT 273
Fa. K. W. Tacke G.m.b.H., Wuppertal-Barmen
Erfahrungen beim Verspinnen von Perlonfasern und bei der Herstellung von Trikotagen aus gesponnenem Perlon
in Vorbereitung

HEFT 274
Prof. Dr.-Ing. K. Krekeler und Dipl.-Ing. H. Verhoeven, Aachen
Qualitative Untersuchungen bei Verbindungsschweißungen mittels Lichtbogenschweißautomaten unter Verwendung von Blankdraht und Zugabe von ferromagnetischem Pulver als Umhüllung
in Vorbereitung

HEFT 275
Prof. Dr.-Ing. K. Krekeler und Dipl.-Ing. H. Verhoeven, Aachen
Qualitative Untersuchungen von Punktschweißverbindungen in Tiefzieh- und Aluminiumblechen, die nach dem Argonarc-Punktschweißverfahren hergestellt werden
in Vorbereitung

HEFT 276
Fa. E. Haage, Mülheim (Ruhr)
Entwicklungsarbeiten im Apparatebau für Laboratorien
in Vorbereitung

HEFT 277
Dr.-Ing. W. Müchler, Essen
Untersuchung und zahlenmäßige Bestimmung der Schneideigenschaften von Messern mit besonderer Berücksichtigung rostfreier Messerstähle
in Vorbereitung

HEFT 278
Dipl.-Ing. J. Stelter und Dipl.-Ing. H. Kickert, Aachen
I. Sichtbarmachung von Ultraschallfeldern unter Verwendung photographischer Emulsionsschichten
II. Methode zur Bestimmung der wirklichen Temperaturverhältnisse in Flüssigkeiten während der Beschallung (Nach einer Diplom-Arbeit von H. Schnitzler)
in Vorbereitung

HEFT 279
Dr. F. Keune, Aachen
Der gewölbte und verwundene Tragflügel ohne Dicke in Schallnähe
in Vorbereitung

HEFT 280
Dipl.-Ing. J. Stelter und Dipl.-Ing. E. Pfende, Aachen
Über Störerscheinungen bei Schallgeschwindigkeitsmessungen mittels der Interferometermethode
in Vorbereitung

HEFT 281
Prof. Dr.-Ing. K. Lürenbaum, Aachen
Der Meßwagen des Instituts für Maschinen-Dynamik der Deutschen Versuchsanstalt für Luftfahrt, Aachen
in Vorbereitung

HEFT 282
Bergrat a. D. Scherer, Bochum
Das B.T.-Schwelverfahren und seine Anwendung auf der Anlage Marienau
in Vorbereitung

HEFT 283
Prof. Dr. F. Wever und Dr.-Ing. W. Lueg, Düsseldorf
Warmstauchversuche zur Ermittlung der Formänderungsfestigkeit von Gesenkschmiede-Stählen
in Vorbereitung

HEFT 284
Prof. Dr. F. Wever, Düsseldorf, Dr.-Ing. H. J. Wiester, Essen, Dr.-Ing. F. W. Straßburg, Duisburg, Prof. Dr.-Ing. H. Opitz, Aachen, und Dr.-Ing. K. H. Fröhlich, Köln
Einfluß des Gefüges auf die Zerspanbarkeit von Einsatz- und Vergütungsstählen
in Vorbereitung

HEFT 285
Prof. Dr.-Ing. O. Kienzle, Dr.-Ing. K. Lange, Hannover, und Dipl.-Ing. H. Meinert, Osterode
Einfluß der Oberfläche auf das Verschleißverhalten von Schmiedegesenken
in Vorbereitung

HEFT 286
Dr.-Ing. K. Lange, Hannover, Dipl.-Ing. H. Meinert, Osterode, unter Mitarbeit von Dr.-Ing. H. Arend, Mülheim (Ruhr)
Verschleißverhalten hartverchromter Schmiedegesenke
in Vorbereitung

HEFT 287
Prof. Dr.-Ing. K. Krekeler, Aachen
Änderungen der mechanischen Eigenschaftswerte thermoplastischer Kunststoffe bei Beanspruchung in verschiedenen Medien
in Vorbereitung

HEFT 288
Dr. K. Brücker-Steinkuhl, Düsseldorf
Anwendung mathematisch-statistischer Verfahren in der Industrie
in Vorbereitung

HEFT 289
Prof. Dr.-Ing. H. Winterhager, Aachen
Kombinierter Widerstands- und Lichtbogen-Vakuumofen zur Verarbeitung von Titanschwamm
Prof. Dr. Dr. h. c. R. Schwarz, Aachen
Erforschung neuer Wege zur Darstellung von Titanmetall
in Vorbereitung

HEFT 290
Dr. D. Horstmann, Düsseldorf
I. Der verstärkte Angriff des Zinks auf Eisen im Temperaturgebiet um 500° C
II. Einfluß eines Antimongehaltes auf den Angriff von Zinkschmelzen auf Eisen
in Vorbereitung

HEFT 291
Dr.-Ing. H. J. Wiester und Dr. D. Horstmann, Düsseldorf
Der Angriff eisengesättigter Zinkschmelzen auf silizium- und manganhaltiges Eisen
in Vorbereitung

HEFT 292
Dipl.-Ing. W. Rohs und Text.-Ing. H. Griese, Bielefeld
Webversuche an Leinenwebstühlen mit verbesserter Schaftbewegung
in Vorbereitung

HEFT 293
Prof. J. W. Korte, unter Mitarbeit von Dipl.-Ing. P. A. Mäcke und Dipl.-Ing. W. Leutzbach, Aachen
Die Leistungsfähigkeit von Verkehrsanlagen des motorisierten städtischen Straßenverkehrs
in Vorbereitung

HEFT 294
Dipl.-Ing. B. Naendorf, Essen
Untersuchungen industrieller Gasbrenner
in Vorbereitung

HEFT 295
Prof. Dr.-Ing. H. Opitz und Dipl.-Ing. H. Axer, Aachen
Untersuchung und Weiterentwicklung neuartiger elektrischer Bearbeitungsverfahren
in Vorbereitung

HEFT 296
Prof. Dr.-Ing. H. Opitz, Aachen
I. Untersuchungen an elektronischen Regelantrieben
II. Statistische Untersuchungen zur Ausnutzung von Drehbänken
in Vorbereitung

HEFT 297
Dr. K. Schaarwächter, Düsseldorf
Die Reduktion von Siliziumtetrachlorid im Lichtbogen zur nachfolgenden Silizierung von Eisenblechen
in Vorbereitung

HEFT 298
Prof. Dr.-Ing. E. Oehler, Aachen
Untersuchung von kritischen Drehzahlen, die durch Kreiselmomente verursacht werden
in Vorbereitung

HEFT 299
Dr. J. Fassbender und W. Hoppe, Bonn
Eine photoelektrische Nachlaufeinrichtung für Analogie-Rechenmaschinen
in Vorbereitung

HEFT 300
Prof. Dr. E. Schütz und Privatdozent Dr. H. Caspers, Münster
Tierexperimentelle Untersuchungen über die Alkoholwirkungen auf Erregbarkeit und bioelektrische Spontanaktivität der Hirnrinde
in Vorbereitung

HEFT 301
Prof. Dr. W. Weltzien, Dr. G. Cossmann und P. Diehl, Krefeld
Über die fraktionierte Füllung von Polyamiden (II)
in Vorbereitung

HEFT 302
Prof. Dr.-Ing. W. Wegener und Dipl.-Ing. Willi Zahn, Aachen
Untersuchungen von gesponnenen Garnen auf ihre Gleichmäßigkeit nach verschiedenen Meßmethoden
in Vorbereitung

HEFT 303
Prof. Dr.-Ing. S. Kiesskalt, Aachen
Das Institut der Forschungsgesellschaft Verfahrenstechnik e. V. an der Technischen Hochschule Aachen
in Vorbereitung

HEFT 304
Prof. Dr.-Ing. K. Krekeler, Düsseldorf, und Dipl.-Ing. A. Kleine-Albers, Aachen
Beitrag zur thermoelastischen Warmformbarkeit von Hart PVC
in Vorbereitung

HEFT 305
Prof. Dr.-Ing. K. Krekeler, Düsseldorf, Dr.-Ing. H. Peukert, Aachen, und Dipl.-Ing. W. Schmitz, Siegburg
Heißgas-Schweißung von Hart-Polyvinylchlorid mit Zusatzwerkstoff
in Vorbereitung

HEFT 306
Prof. Dr. B. Rensch, Münster
Elektrophysiologische Untersuchungen zur Analysierung der Bildung von Assoziationen und Gedächtnisspuren in Gehirn und Rückenmark
Prof. Dr. A. Loeser, Münster
Akute und chronische Giftwirkungen sauerstoffhaltiger Lösungsmittel
in Vorbereitung

HEFT 307
Privatdozent Dr. J. Juilfs, Krefeld
Vergleichende Untersuchungen zur elastischen und bleibenden Dehnung von Fasern
in Vorbereitung

HEFT 308
Privatdozent Dr. J. Juilfs, Krefeld
Zur Messung der Fadenglätte
in Vorbereitung

HEFT 309
Prof. Dr. K. Cruse und Mitarbeiter, Clausthal-Zellerfeld
Aufbau und Arbeitsweise eines universell verwendbaren Hochfrequenz-Titrationsgerätes
in Vorbereitung

HEFT 310
Dr. P. F. Müller, Bonn
Die Integrieranlage des Rheinisch-Westfälischen Instituts für Instrumentelle Mathematik in Bonn
in Vorbereitung

HEFT 311
Prof. Dr. F. Wever und Dr. M. Hempel, Düsseldorf
Dauerschwingfestigkeit von Stählen bei erhöhten Temperaturen
Teil I: Erkenntnisse aus bisherigen Dauerschwingversuchen in der Wärme
in Vorbereitung

HEFT 312
Prof. Dr. F. Wever und Dr. M. Hempel, Düsseldorf
Dauerschwingfestigkeit von Stählen bei erhöhten Temperaturen
Teil II: Zug-Druck-Dauerschwingversuche an zwei warmfesten Stählen bei Temperaturen von 500 bis 650°
in Vorbereitung

HEFT 313
Prof. Dr. F. Wever, Dr. W. Koch und Dipl.-Phys. H. Rohde, Düsseldorf
Änderungen des Habitus und der Gitterkonstanten des Zementits in Chromstählen bei verschiedenen Wärmebehandlungen
in Vorbereitung

WESTDEUTSCHER VERLAG · KÖLN UND OPLADEN

HEFT 314
Prof. Dr. F. Wever und Dr.-Ing. A. Krisch, Düsseldorf, und Dr.-Ing. H.-J. Wiester, Essen
Veränderungen im Gefügeaufbau von Chrom-Nickel-Molybdän-Stählen bei langzeitiger Beanspruchung im Zeitstandversuch bei 500°
in Vorbereitung

HEFT 315
Prof. Dr. F. Wever und Dr.-Ing. A. Krisch, Düsseldorf
Metallkundliche Untersuchungen an Zeitstandproben
in Vorbereitung

HEFT 316
Dr. F. Keune, Aachen
Zusammenfassende Darstellung und Erweiterung des Aequivalenzsatzes für schallnahe Strömung
in Vorbereitung

HEFT 317
Dr.-Ing. J. Stelter, Aachen
Mikrobiologische Ultraschallwirkungen
in Vorbereitung

HEFT 318
Dipl.-Ing. H. Kickert, Aachen
Über die Ausbreitung von Ultraschall in Luft
in Vorbereitung

HEFT 319
Prof. Dr. C. Kröger, Aachen
Gemengereaktionen und Glasschmelze
in Vorbereitung

HEFT 320
Dr. H.-E. Caspary, Köln
Verwendung von Szintillationszählern anstelle von Zählrohren zur zerstörungsfreien Materialprüfung
in Vorbereitung

HEFT 321
Prof. Dr. F. Wever, Düsseldorf und Dr. W. Wepner, Köln
Gleichzeitige Bestimmung kleiner Kohlenstoff- und Stickstoffgehalte im α-Eisen durch Dämpfungsmessung
in Vorbereitung

HEFT 322
Prof. Dr.-Ing. F. Bollenrath und Dipl.-Ing. W. Domke, Aachen
Eigenspannungen in vergüteten, dickwandigen Stahlzylindern nach Oberflächenhärtung mit induktiver Erwärmung
in Vorbereitung

HEFT 323
Prof. Dr. R. Seyffert, Köln
Wege und Kosten der Distribution der Textilien, Schuh- und Lederwaren
in Vorbereitung

HEFT 324
Prof.-Ing. H. Opitz, Dr.-Ing. E. Salje und Dipl.-Ing. K. E. Schwartz, Aachen
Richtwerte für das Außenrund-Längs- und Einstechschleifen
in Vorbereitung

HEFT 325
Prof. Dr. E Schratz, Münster
Pharmakognostische Untersuchungen am Medizinal-Rhabarber
in Vorbereitung

HEFT 326
Prof. Dr.-Ing. E. Essers und Mitarbeiter, Aachen
Deichselkräfte an Lastzügen
in Vorbereitung

HEFT 327
Prof. Dr.-Ing. K. Krekeler und Dr.-Ing. H. Peukert, Aachen
Beitrag zur thermoelastischen Formbarkeit von Polyäthylen
in Vorbereitung

HEFT 328
Dipl.-Ing. H. Maeder, Belo Horizonte
Schweißen von Temperguß
in Vorbereitung

HEFT 329
Dipl.-Ing. A. Krüger, Karlsruhe, und Feuerwehr-Ing. R. Radusch, Dortmund
Wasserzerstäubung im Strahlrohr
in Vorbereitung

HEFT 330
Dipl.-Physiker E. Pepping, Aachen
Die Durchflußzahl des Rechteckschlitzes in einer sehr großen Wand
in Vorbereitung

HEFT 331
Dipl.-Ing. G. Bretschneider, Ruit
Die Messung der wiederkehrenden Spannung mit Hilfe des Netzmodelles
in Vorbereitung

HEFT 332
Prof. Dr.-Ing. R. Jaeckel und Dr. G. Reich, Bonn
Messung von Dampfdrucken im Gebiet unter 10^{-2} Torr
in Vorbereitung

HEFT 333
Prof. Dipl.-Ing. W. Sturtzel und Dr.-Ing. W. Graff, Duisburg
I. Der Flachwassereinfluß auf den Form- und Reibungswiderstand von Binnenschiffen
II. Der Flachwassereinfluß auf die Nachstrom- und Sogverhältnisse bei Binnenschiffen
in Vorbereitung

HEFT 334
Prof. Dr. W. Weizel und Dr. G. Meister, Bonn
Spektralanalyse durch Messung des Interferenz-Kontrasts
in Vorbereitung

HEFT 335
Prof. Dr. W. Weizel und H. Hornberg, Bonn
Untersuchungen der anodischen Teile einer Glimmentladung
in Vorbereitung

HEFT 336
Dr. Tung-ping Yao, Aachen
Die Viskosität metallischer Schmelzen
in Vorbereitung

HEFT 337
Dr. R. Hoeppener und Dr. W. Bierther, Bonn
Tektonik und Lagerstätten im Rheinischen Schiefergebirge
in Vorbereitung

HEFT 338
Prof. Dr.-Ing. W. Wegener, Aachen, und Dipl.-Ing. J. Schneider, M.-Gladbach
Die Bedeutung der Knotenart für die Herabminderung der Fadenbrüche
in Vorbereitung

HEFT 339
Prof. Dr.-Ing. W. Wegener und Dipl.-Ing. W. Zahn, Aachen
Vergleich des normalen mit verschiedenen abgekürzten Baumwollspinnverfahren in bezug auf Gleichmäßigkeit und Sortierungsstreuung der Garne
in Vorbereitung

HEFT 340
Dipl.-Ing. W. Rohs und Dipl.-Ing. R. Otto, Bielefeld
Das Naßspinnen von Bastfasergarnen mit Spinnbadzusätzen unter Ausnutzung einer zentralen Spinnwasserversorgungsanlage
in Vorbereitung

HEFT 341
Prof. Dr.-Ing. H. Winterhager und Dipl.-Ing. L. Werner, Aachen
Präzisions-Meßverfahren zur Bestimmung des elektrischen Leitvermögens geschmolzener Salze
in Vorbereitung

HEFT 342
Prof. Dr.-Ing. H. Winterhager und Dipl.-Ing. W. Barthel, Aachen
Die Gewinnung von Titanschlackenkonzentraten aus eisenreichen Ilmeniten
in Vorbereitung

HEFT 343
Prof. Dr.-Ing. W. Petersen, Aachen, und Dipl.-Ing. S. Wawroschek, Aachen
Die zweckmäßigsten Gütebestimmungsverfahren und Brikettierungsbedingungen bei der Erzeugung von Braunkohlen-Eisenerz-Briketts
in Vorbereitung

HEFT 344
Prof. Dr.-Ing. W. Fucks, Aachen
Zur Deutung einfachster mathematischer Sprachcharakteristiken
in Vorbereitung

HEFT 345
Dipl.-Ing. G. Cerbe und Dipl.-Ing. H. Monstadt, Essen
Konvektive Trocknung mit gasbeheizter Luft und Trocknung durch Gasstrahler
in Vorbereitung

HEFT 346
Dipl.-Ing. O. Arnold, Aachen
Erfahrungen mit Kernbohrungen zur Lagerstättenuntersuchung im Erzbergbau
in Vorbereitung

HEFT 347
S. Ruff, F. Kipp, H. Hansteen und G. Müller, Bonn
Untersuchungen zur Frage der Gehörschädigungen des fliegenden Personals der Propellerflugzeuge
in Vorbereitung

WESTDEUTSCHER VERLAG · KÖLN UND OPLADEN

VERÖFFENTLICHUNGEN DER ARBEITSGEMEINSCHAFT FÜR FORSCHUNG DES LANDES NORDRHEIN-WESTFALEN

NATURWISSENSCHAFTEN

Im Auftrage des Ministerpräsidenten Fritz Steinhoff
herausgegeben von Staatssekretär Prof. Leo Brandt

HEFT 1
Prof. Dr.-Ing. Friedrich Seewald, Aachen
Neue Entwicklungen auf dem Gebiet der Antriebsmaschinen
Prof. Dr.-Ing. Friedrich A. F. Schmidt, Aachen
Technischer Stand und Zukunftsaussichten der Verbrennungsmaschinen, insbesondere der Gasturbinen
Dr.-Ing. Rudolf Friedrich, Mülheim (Ruhr)
Möglichkeiten und Voraussetzungen der industriellen Verwertung der Gasturbine
1951, 52 Seiten, 15 Abb., kartoniert, DM 2,75

HEFT 2
Prof. Dr.-Ing. Wolfgang Riezler, Bonn
Probleme der Kernphysik
Prof. Dr. Fritz Micheel, Münster
Isotope als Forschungsmittel in der Chemie und Biochemie
1951, 40 Seiten, 10 Abb., kartoniert, DM 2,40

HEFT 3
Prof. Dr. Emil Lehnartz, Münster
Der Chemismus der Muskelmaschine
Prof. Dr. Gunther Lehmann, Dortmund
Physiologische Forschung als Voraussetzung der Bestgestaltung der menschlichen Arbeit
Prof. Dr. Heinrich Kraut, Dortmund
Ernährung und Leistungsfähigkeit
1951, 60 Seiten, 35 Abb., kartoniert, DM 3,50

HEFT 4
Prof. Dr. Franz Wever, Düsseldorf
Aufgaben der Eisenforschung
Prof. Dr.-Ing. Hermann Schenck, Aachen
Entwicklungslinien des deutschen Eisenhüttenwesens
Prof. Dr.-Ing. Max Haas, Aachen
Wirtschaftliche Bedeutung der Leichtmetalle und ihre Entwicklungsmöglichkeiten
1952, 60 Seiten, 20 Abb., kartoniert, DM 3,50

HEFT 5
Prof. Dr. Walter Kikuth, Düsseldorf
Virusforschung
Prof. Dr. Rolf Danneel, Bonn
Fortschritte der Krebsforschung
Prof. Dr. Dr. Werner Schulemann, Bonn
Wirtschaftliche und organisatorische Gesichtspunkte für die Verbesserung unserer Hochschulforschung
1952, 50 Seiten, 2 Abb., kartoniert, DM 2,75

HEFT 6
Prof. Dr. Walter Weizel, Bonn
Die gegenwärtige Situation der Grundlagenforschung in der Physik
Prof. Dr. Siegfried Strugger, Münster
Das Duplikantenproblem in der Biologie
Direktor Dr. Fritz Gummert, Essen
Überlegungen zu den Faktoren Raum und Zeit im biologischen Geschehen und Möglichkeiten einer Nutzanwendung
1952, 64 Seiten, 20 Abb., kartoniert, DM 3,—

HEFT 7
Prof. Dr.-Ing. August Götte, Aachen
Steinkohle als Rohstoff und Energiequelle
Prof. Dr. Dr. E. h. Karl Ziegler, Mülheim (Ruhr)
Über Arbeiten des Max-Planck-Institutes für Kohlenforschung
1953, 66 Seiten, 4 Abb., kartoniert, DM 3,60

HEFT 8
Prof. Dr.-Ing. Wilhelm Fucks, Aachen
Die Naturwissenschaft, die Technik und der Mensch
Prof. Dr. Walther Hoffmann, Münster
Wirtschaftliche und soziologische Probleme des technischen Fortschritts
1952, 84 Seiten, 12 Abb., kartoniert, DM 4,80

HEFT 9
Prof. Dr.-Ing. Franz Bollenrath, Aachen
Zur Entwicklung warmfester Werkstoffe
Prof. Dr. Heinrich Kaiser, Dortmund
Stand spektralanalytischer Prüfverfahren und Folgerung für deutsche Verhältnisse
1952, 100 Seiten, 62 Abb., kartoniert, DM 6,—

HEFT 10
Prof. Dr. Hans Braun, Bonn
Möglichkeiten und Grenzen der Resistenzzüchtung
Prof. Dr.-Ing. Carl Heinrich Dencker, Bonn
Der Weg der Landwirtschaft von der Energieautarkie zur Fremdenergie
1952, 74 Seiten, 23 Abb., kartoniert, DM 4,30

HEFT 11
Prof. Dr.-Ing. Herwart Opitz, Aachen
Entwicklungslinien der Fertigungstechnik in der Metallbearbeitung
Prof. Dr.-Ing. Karl Krekeler, Aachen
Stand und Aussichten der schweißtechnischen Fertigungsverfahren
1952, 72 Seiten, 49 Abb., kartoniert, DM 5,—

HEFT 12
Dr. Hermann Rathert, Wuppertal-Elberfeld
Entwicklung auf dem Gebiet der Chemiefaser-Herstellung
Prof. Dr.-Ing. Wilhelm Weltzien, Krefeld
Rohstoff und Veredlung in der Textilwirtschaft
1952, 84 Seiten, 29 Abb., kartoniert, DM 4,80

HEFT 13
Dr.-Ing. E. h. Karl Herz, Frankfurt a. M.
Die technischen Entwicklungstendenzen im elektrischen Nachrichtenwesen
Staatssekretär Prof. Leo Brandt, Düsseldorf
Navigation und Luftsicherung
1952, 102 Seiten, 97 Abb., kartoniert, DM 7,25

HEFT 14
Prof. Dr. Burckhardt Helferich, Bonn
Stand der Enzymchemie und ihre Bedeutung
Prof. Dr. Hugo Wilhelm Knipping, Köln
Ausschnitt aus der klinischen Carcinomforschung am Beispiel des Lungenkrebses
1952, 72 Seiten, 12 Abb., kartoniert, DM 4,30

HEFT 15
Prof. Dr. Abraham Esau †, Aachen
Ortung mit elektrischen und Ultraschallwellen in Technik und Natur
Prof. Dr.-Ing. Eugen Flegler, Aachen
Die ferromagnetischen Werkstoffe der Elektrotechnik und ihre neueste Entwicklung
1953, 84 Seiten, 25 Abb., kartoniert, DM 4,80

HEFT 16
Prof. Dr. Rudolf Seyffert, Köln
Die Problematik der Distribution
Prof. Dr. Theodor Beste, Köln
Der Leistungslohn
1952, 70 Seiten, 1 Abb., kartoniert, DM 3,50

HEFT 17
Prof. Dr.-Ing. Friedrich Seewald, Aachen
Luftfahrtforschung in Deutschland und ihre Bedeutung für die allgemeine Technik
Prof. Dr.-Ing. Edouard Houdremont, Essen
Art und Organisation der Forschung in einem Industrieforschungsinstitut der Eisenindustrie
1953, 90 Seiten, 4 Abb., kartoniert, DM 4,20

HEFT 18
Prof. Dr. Dr. Werner Schulemann, Bonn
Theorie und Praxis pharmakologischer Forschung
Prof. Dr. Wilhelm Groth, Bonn
Technische Verfahren zur Isotopentrennung
1953, 72 Seiten, 17 Abb., kartoniert, DM 4,—

HEFT 19
Dipl.-Ing. Kurt Traenckner, Essen
Entwicklungstendenzen der Gaserzeugung
1953, 26 Seiten, 12 Abb., kartoniert, DM 1,60

HEFT 20
M. Zvegintzow, London
Wissenschaftliche Forschung und die Auswertung ihrer Ergebnisse
Ziel und Tätigkeit der National Research Development Corporation
Dr. Alexander King, London
Wissenschaft und internationale Beziehungen
1954, 88 Seiten, kartoniert, DM 4,20

HEFT 21
Prof. Dr. Robert Schwarz, Aachen
Wesen und Bedeutung der Silicium-Chemie
Prof. Dr. Dr. h. c. Kurt Alder, Köln
Fortschritte in der Synthese von Kohlenstoffverbindungen
1954, 76 Seiten, 49 Abb., kartoniert, DM 4,--

HEFT 21a
Prof. Dr. Dr. h. c. Otto Hahn, Göttingen
Die Bedeutung der Grundlagenforschung für die Wirtschaft
Prof. Dr. Siegfried Strugger, Münster
Die Erforschung des Wasser- und Nährsalztransportes im Pflanzenkörper mit Hilfe der fluoreszenzmikroskopischen Kinematographie
1953, 74 Seiten, 26 Abb., kartoniert, DM 5,—

HEFT 22
Prof. Dr. Johannes von Allesch, Göttingen
Die Bedeutung der Psychologie im öffentlichen Leben
Prof. Dr. Otto Graf, Dortmund
Triebfedern menschlicher Leistung
1953, 80 Seiten, 19 Abb., kartoniert, DM 4,—

HEFT 23
Prof. Dr. Dr. h. c. Bruno Kuske, Köln
Zur Problematik der wirtschaftswissenschaftlichen Raumforschung
Prof. Dr.-Ing. E. h. Stephan Prager, Düsseldorf
Städtebau und Landesplanung
1954, 84 Seiten, kartoniert, DM 3,50

HEFT 24
Prof. Dr. Rolf Danneel, Bonn
Über die Wirkungsweise der Erbfaktoren
Prof. Dr. Kurt Herzog, Krefeld
Bewegungsbedarf der menschlichen Gliedmaßengelenke bei der Berufsarbeit
1953, 76 Seiten, 18 Abb., kartoniert, DM 4,—

WESTDEUTSCHER VERLAG · KÖLN UND OPLADEN

HEFT 25
Prof. Dr. Otto Haxel, Heidelberg
Energiegewinnung aus Kernprozessen
Dr.-Ing. Dr. Max Wolf, Düsseldorf
Gegenwartsprobleme der energiewirtschaftlichen Forschung
1953, 98 Seiten, 27 Abb., kartoniert, DM 5,25

HEFT 26
Prof. Dr. Friedrich Becker, Bonn
Ultrakurzwellenstrahlung aus dem Weltraum
Dr. Hans Straßl, Bonn
Bemerkenswerte Doppelsterne und das Problem der Sternentwicklung
1954, 70 Seiten, 8 Abb., kartoniert, DM 3,60

HEFT 27
Prof. Dr. Heinrich Behnke, Münster
Der Strukturwandel der Mathematik in der ersten Hälfte des 20. Jahrhunderts
Prof. Dr. Emanuel Sperner, Hamburg
Eine mathematische Analyse der Luftdruckverteilungen in großen Gebieten
1956, 96 Seiten, 12 Abb., 5 Tab., kartoniert, DM 5,—

HEFT 28
Prof. Dr. Oskar Niemczyk, Aachen
Die Problematik gebirgsmechanischer Vorgänge im Steinkohlenbergbau
Prof. Dr. Wilhelm Ahrens, Krefeld
Die Bedeutung geologischer Forschung für die Wirtschaft, besonders in Nordrhein-Westfalen
1955, 96 Seiten, 12 Abb., kartoniert, DM 5,25

HEFT 29
Prof. Dr. Bernhard Rensch, Münster
Das Problem der Residuen bei Lernleistungen
Prof. Dr. Hermann Fink, Köln
Über Leberschäden bei der Bestimmung des biologischen Wertes verschiedener Eiweiße von Mikroorganismen
1954, 96 Seiten, 23 Abb., kartoniert, DM 5,25

HEFT 30
Prof. Dr.-Ing. Friedrich Seewald, Aachen
Forschungen auf dem Gebiete der Aerodynamik
Prof. Dr.-Ing. Karl Leist, Aachen
Einige Forschungsarbeiten aus der Gasturbinentechnik
1955, 98 Seiten, 45 Abb., kartoniert, DM 7,—

HEFT 31
Prof. Dr.-Ing. Dr. h. c. Fritz Mietzsch, Wuppertal
Chemie und wirtschaftliche Bedeutung der Sulfonamide
Prof. Dr. Dr. h. c. Gerhard Domagk, Wuppertal
Die experimentellen Grundlagen der bakteriellen Infektionen
1954, 82 Seiten, 2 Abb., kartoniert, DM 4,—

HEFT 32
Prof. Dr. Hans Braun, Bonn
Die Verschleppung von Pflanzenkrankheiten und -schädigungen über die Welt
Prof. Dr. Wilhelm Rudorf, Voldagsen
Der Beitrag von Genetik und Züchtung zur Bekämpfung der Viruskrankheiten der Nutzpflanzen
1953, 88 Seiten, 36 Abb., kartoniert, DM 5,—

HEFT 33
Prof. Dr.-Ing. Volker Aschoff, Aachen
Probleme der elektroakustischen Einkanalübertragung
Prof. Dr.-Ing. Herbert Döring, Aachen
Erzeugung und Verstärkung von Mikrowellen
1954, 74 Seiten, 23 Abb., kartoniert, DM 4,30

HEFT 34
Geheimrat Prof. Dr. Dr. Rudolf Schenck, Aachen
Bedingungen und Gang der Kohlenhydratsynthese im Licht
Prof. Dr. Emil Lehnartz, Münster
Die Endstufen des Stoffabbaues im Organismus
1954, 80 Seiten, 11 Abb., kartoniert, DM 4,20

HEFT 35
Prof. Dr.-Ing. Hermann Schenck, Aachen
Gegenwartsprobleme der Eisenindustrie in Deutschland
Prof. Dr.-Ing. Eugen Piwowarsky †, Aachen
Gelöste und ungelöste Probleme im Gießereiwesen
1954, 110 Seiten, 67 Abb., kartoniert, DM 6,50

HEFT 36
Prof. Dr. Wolfgang Riezler, Bonn
Teilchenbeschleuniger
Prof. Dr. Gerhard Schubert, Hamburg
Anwendung neuer Strahlenquellen in der Krebstherapie
1954, 104 Seiten, 43 Abb., kartoniert, DM 7,—

HEFT 37
Prof. Dr. Franz Lotze, Münster
Probleme der Gebirgsbildung
Bergwerksdirektor Bergassessor a.D. G. Rauschenbach, Essen
Die Erhaltung der Förderungskapazität des Ruhrbergbaues auf lange Sicht
in Vorbereitung

HEFT 38
Dr. E. Colin Cherry, London
Kybernetik
Prof. Dr. Erich Pietsch, Clausthal-Zellerfeld
Dokumentation und mechanisches Gedächtnis — zur Frage der Ökonomie der geistigen Arbeit
1954, 108 Seiten, 31 Abb., kartoniert, DM 5,25

HEFT 39
Dr. Heinz Haase, Hamburg
Infrarot und seine technischen Anwendungen
Prof. Dr. Abraham Esau †, Aachen
Ultraschall und seine technischen Anwendungen
1955, 80 Seiten, 25 Abb., kartoniert, DM 4,80

HEFT 40
Bergassessor Fritz Lange, Bochum-Hordel
Die wirtschaftliche und soziale Bedeutung der Silikose im Bergbau
Prof. Dr. Walter Kikuth, Düsseldorf
Die Entstehung der Silikose und ihre Verhütungsmaßnahmen
1954, 120 Seiten, 40 Abb., kartoniert, DM 7,25

HEFT 40a
Prof. Dr. Eberhard Gross, Bonn
Berufskrebs und Krebsforschung
Prof. Dr. Hugo Wilhelm Knipping, Köln
Die Situation der Krebsforschung vom Standpunkt der Klinik
1955, 88 Seiten, 31 Abb., kartoniert, DM 5,—

HEFT 41
Direktor Dr.-Ing. Gustav-Victor Lachmann, London
An einer neuen Entwicklungsschwelle im Flugzeugbau
Direktor Dr.-Ing. A. Gerber, Zürich-Oerlikon
Stand der Entwicklung der Raketen- und Lenktechnik
1955, 88 Seiten, 44 Abb., kartoniert, DM 6,—

HEFT 42
Prof. Dr. Theodor Kraus, Köln
Lokalisationsphänomene und Raumordnung vom Standpunkt der geographischen Wissenschaft
Direktor Dr. Fritz Gummert, Essen
Vom Ernährungsversuchsfeld der Kohlenstoffbiologischen Forschungsstation Essen
in Vorbereitung

HEFT 42a
Prof. Dr. Dr. h. c. Gerhard Domagk, Wuppertal
Fortschritte auf dem Gebiet der experimentellen Krebsforschung
1954, 46 Seiten, kartoniert, DM 2,—

HEFT 43
Prof. Giovanni Lampariello, Rom
Über Leben und Werk von Heinrich Hertz
Prof. Dr. Walter Weizel, Bonn
Über das Problem der Kausalität in der Physik
1955, 76 Seiten kartoniert, DM 3,30

HEFT 43a
Prof. Dr. José Ma Albareda, Madrid
Die Entwicklung der Forschung in Spanien
in Vorbereitung

HEFT 44
Prof. Dr. Burckhardt Helferich, Bonn
Über Glykoside
Prof. Dr. Fritz Micheel, Münster
Kohlenhydrat-Eiweiß-Verbindungen und ihre biochemische Bedeutung
in Vorbereitung

HEFT 45
Prof. Dr. John von Neumann, Princeton, USA
Entwicklung und Ausnutzung neuerer mathematischer Maschinen
Prof. Dr. E. Stiefel, Zürich
Rechenautomaten im Dienste der Technik mit Beispielen aus dem Züricher Institut für angewandte Mathematik
1955, 74 Seiten, 6 Abb., kartoniert, DM 3,50

HEFT 46
Prof. Dr. Wilhelm Weltzien, Krefeld
Ausblick auf die Entwicklung synthetischer Fasern
Prof. Dr. Walther Hoffmann, Münster
Wachstumsformen der Industriewirtschaft
in Vorbereitung

HEFT 47
Staatssekretär Prof. Leo Brandt, Düsseldorf
Die praktische Förderung der Forschung in Nordrhein-Westfalen
Prof. Dr. Ludwig Raiser, Bad Godesberg
Die Förderung der angewandten Forschung durch die Deutsche Forschungsgemeinschaft
in Vorbereitung

HEFT 48
Dr. Hermann Tromp, Rom
Bestandsaufnahme der Wälder der Welt als internationale und wissenschaftliche Aufgabe
Prof. Dr. Franz Heske, Schloß Reinbek
Die Wohlfahrtswirkungen des Waldes als internationales Problem
in Vorbereitung

HEFT 49
Präsident Dr. G. Böhnecke, Hamburg
Zeitfragen der Ozeanographie
Reg.-Direktor Dr. H. Gabler, Hamburg
Nautische Technik und Schiffssicherheit
1955, 120 Seiten, 49 Abb., kartoniert, DM 7,50

HEFT 50
Prof. Dr.-Ing. Friedrich A. F. Schmidt, Aachen
Probleme der Selbstzündung und Verbrennung bei der Entwicklung der Hochleistungskraftmaschinen
Prof. Dr.-Ing. A. W. Quick, Aachen
Ein Verfahren zur Untersuchung des Austauschvorganges in verwirbelten Strömungen hinter Körpern mit abgelöster Strömung
in Vorbereitung

HEFT 51
Prof. Dr. Siegfried Strugger, Münster
Struktur, Entwicklungsgeschichte und Physiologie der Chloroplasten
Direktor Dr. J. Pätzold, Erlangen
Therapeutische Anwendung mechanischer und elektrischer Energie
in Vorbereitung

HEFT 52
Mr. Patmore, London
Lufttüchtigkeit und technische Prüfung der Flugzeuge in England
Prof. Dr. A. D. Young, Cranfield
Die Ausbildung des Ingenieurnachwuchses auf dem Luftfahrtgebiet in England
in Vorbereitung

JAHRESFEIER 1955
Prof. Dr. Josef Pieper, Münster
Über den Philosophie-Begriff Platons
Prof. Dr. Walter Weizel, Bonn
Die Mathematik und die physikalische Realität
1955, 62 Seiten, kartoniert, DM 2,90

HEFT 52a
Dr. D. C. Martin, London
Geschichte und Organisation der Royal Society
Dr. Roux, Südafrika
Probleme der wissenschaftlichen Forschung in der Südafrikanischen Union
in Vorbereitung

HEFT 53
Prof. Dr.-Ing. Georg Schnadel, Hamburg
Forschungsaufgaben zur Untersuchung der Festigkeitsprobleme im Schiffbau
Prof. Dipl.-Ing. Wilhelm Sturtzel, Duisburg
Forschungsaufgaben zur Untersuchung der Widerstandsprobleme im Schiffbau
in Vorbereitung

HEFT 53a
Prof. Giovanni Lampariello, Rom
Von Galilei zu Einstein
1956, 92 Seiten, kartoniert, DM 4,20

HEFT 54
Prof. Dr. Julius Bartels, Göttingen
Sonne und Erde — das Thema des internationalen geophysikalischen Jahres
Direktor Dr. Walter Dieminger, Lindau/Harz
Ionosphäre und drahtloser Weltverkehr
in Vorbereitung

HEFT 54a
Sir John Cockcroft, London
Die friedliche Anwendung der Kernenergie
in Vorbereitung

HEFT 55
Prof. Dr.-Ing. Fritz Schultz-Grunow, Aachen
Das Kriechen und Fließen hochzäher und plastischer Stoffe
Prof. Dr.-Ing. Hans Ebner, Aachen
Wege und Ziele der Festigkeitsforschung besonders im Hinblick auf den Leichtbau
in Vorbereitung

WESTDEUTSCHER VERLAG · KÖLN UND OPLADEN

HEFT 56
Prof. Dr. Ernst Derra, Düsseldorf
Der Entwicklungsstand der Herzchirurgie
Prof. Dr. Gunther Lehmann, Dortmund
Muskelarbeit und Muskelermüdung in Theorie und Praxis
in Vorbereitung

HEFT 57
Prof. Dr. Theodor von Kármán, Pasadena
Freiheit und Organisation in der Luftfahrtforschung
in Vorbereitung

HEFT 58
Prof. Dr. Fritz Schröter, Ulm
Neue Forschungs- und Entwicklungsrichtungen im Fernsehen
Prof. Dr. Albert Narath, Berlin
Der gegenwärtige Stand der Filmtechnik
in Vorbereitung

HEFT 59
Prof. Dr. Richard Courant, New York
Die Bedeutung der modernen mathematischen Rechenmaschinen für mathematische Probleme der Hydrodynamik und Reaktortechnik
Prof. Dr. Ernst Peschl, Bonn
Die Rolle der komplexen Zahlen in der Mathematik und die Bedeutung der komplexen Analysis
in Vorbereitung

VERÖFFENTLICHUNGEN DER ARBEITSGEMEINSCHAFT FÜR FORSCHUNG DES LANDES NORDRHEIN-WESTFALEN

GEISTESWISSENSCHAFTEN

Im Auftrage des Ministerpräsidenten Fritz Steinhoff
herausgegeben von Staatssekretär Prof. Leo Brandt

HEFT 1
Prof. Dr. Werner Richter, Bonn
Die Bedeutung der Geisteswissenschaften für die Bildung unserer Zeit
Prof. Dr. Joachim Ritter, Münster
Die aristotelische Lehre vom Ursprung und Sinn der Theorie
1953, 64 Seiten, kartoniert, DM 2,90

HEFT 2
Prof. Dr. Josef Kroll, Köln
Elysium
Prof. Dr. Günther Jachmann, Köln
Die vierte Ekloge Vergils
1953, 72 Seiten, kartoniert, DM 2,90

HEFT 3
Prof. Dr. Hans Erich Stier, Münster
Die klassische Demokratie
1954, 100 Seiten, kartoniert, DM 4,50

HEFT 4
Prof. Dr. Werner Caskel, Köln
Lihyan und Lihyanisch. Sprache und Kultur eines früharabischen Königreiches
1954, 168 Seiten, 6 Abb., kartoniert, DM 8,25

HEFT 5
Prof. Dr. Thomas Ohm, Münster
Stammesreligionen im südlichen Tanganyika-Territorium
1953, 80 Seiten, 25 Abb., kartoniert, DM 8,—

HEFT 6
Prälat Prof. Dr. Dr. h. c. Georg Schreiber, Münster
Deutsche Wissenschaftspolitik von Bismarck bis zum Atomwissenschaftler Otto Hahn
1954, 102 Seiten, 7 Bilder, kartoniert, DM 5,—

HEFT 7
Prof. Dr. Walter Holtzmann, Bonn
Das mittelalterliche Imperium und die werdenden Nationen
1953, 28 Seiten, kartoniert, DM 1,30

HEFT 8
Prof. Dr. Werner Caskel, Köln
Die Bedeutung der Beduinen in der Geschichte der Araber
1954, 44 Seiten, kartoniert, DM 2,—

HEFT 9
Prälat Prof. Dr. Dr. h. c. Georg Schreiber, Münster
Irland im deutschen und abendländischen Sakralraum

HEFT 10
Prof. Dr. Peter Rassow, Köln
Forschungen zur Reichsidee im 16. und 17. Jahrhundert
1955, 32 Seiten, kartoniert, DM 1,50

HEFT 11
Prof. Dr. Hans Erich Stier, Münster
Roms Aufstieg zur Weltherrschaft
in Vorbereitung

HEFT 12
Prof. Dr. D. Karl Heinrich Rengstorf, Münster
Mann und Frau im Urchristentum
Prof. Dr. Hermann Conrad, Bonn
Grundprobleme einer Reform des Familienrechts
1954, 106 Seiten, kartoniert, DM 4,50

HEFT 13
Prof. Dr. Max Braubach, Bonn
Der Weg zum 20. Juli 1944
1953, 48 Seiten, kartoniert, DM 2,20

HEFT 14
Prof. Dr. Paul Hübinger, Münster
Das deutsch-französische Verhältnis und seine mittelalterlichen Grundlagen
in Vorbereitung

HEFT 15
Prof. Dr. Franz Steinbach, Bonn
Der geschichtliche Weg des wirtschaftenden Menschen in die soziale Freiheit und politische Verantwortung
1954, 76 Seiten, kartoniert, DM 2,90

HEFT 16
Prof. Dr. Josef Koch, Köln
Die Ars coniecturalis des Nikolaus von Cues
1956, 56 Seiten, 2 Abb., kartoniert, DM 2,90

HEFT 17
*Prof. Dr. James Conant,
US-Hochkommissar für Deutschland*
Staatsbürger und Wissenschaftler
Prof. D. Karl Heinrich Rengstorf, Münster
Antike und Christentum
1953, 48 Seiten, 2 Abb., kartoniert, DM 2,40

HEFT 18
Prof. Dr. Richard Alewyn, Köln
Klopstocks Publikum
in Vorbereitung

HEFT 19
Prof. Dr. Fritz Schalk, Köln
Das Lächerliche in der französischen Literatur des Ancien Régime
1954, 42 Seiten, kartoniert, DM 2,—

HEFT 20
Prof. Dr. Ludwig Raiser, Bad Godesberg
Rechtsfragen der Mitbestimmung
1954, 48 Seiten, kartoniert, DM 2,—

HEFT 21
Prof. Dr. Martin Noth, Bonn
Das Geschichtsverständnis der alttestamentlichen Apokalyptik
1953, 36 Seiten, kartoniert, DM 1,60

HEFT 22
Prof. Dr. Walter F. Schirmer, Bonn
Glück und Ende des Könige in Shakespeares Historien
1954, 32 Seiten, kartoniert, DM 1,50

HEFT 23
Prof. Dr. Günther Jachmann, Köln
Der homerische Schiffskatalog und die Ilias
in Vorbereitung

HEFT 24
Prof. Dr. Theodor Klauser, Bonn
Die römischen Petrustraditionen im Lichte der neuen Ausgrabungen unter der Peterskirche
in Vorbereitung

HEFT 25
Prof. Dr. Hans Peters, Köln
Die Gewaltentrennung in moderner Sicht
1955, 48 Seiten, kartoniert, DM 2,20

HEFT 26
Prof. Dr. Fritz Schalk, Köln
Calderon und die Mythologie
in Vorbereitung

HEFT 27
Prof. Dr. Josef Kroll, Köln
Vom Leben geflügelter Worte
in Vorbereitung

WESTDEUTSCHER VERLAG · KÖLN UND OPLADEN

HEFT 28
Prof. Dr. Thomas Ohm, Münster
Die Religionen in Asien
1954, 50 Seiten, 4 Abb., kartoniert, DM 5,—

HEFT 29
Prof. Dr. Johann Leo Weisgerber, Bonn
Die Ordnung der Sprache im persönlichen und öffentlichen Leben
1955, 64 Seiten, kartoniert, DM 2,90

HEFT 30
Prof. Dr. Werner Caskel, Köln
Entdeckungen in Arabien
1954, 44 Seiten, kartoniert, DM 2,—

HEFT 31
Prof. Dr. Max Braubach, Bonn
Entstehung und Entwicklung der landesgeschichtlichen Bestrebungen und historischen Vereine im Rheinland
1955, 32 Seiten, kartoniert, DM 1,60

HEFT 32
Prof. Dr. Fritz Schalk, Köln
Somnium und verwandte Wörter in den romanischen Sprachen
1955, 48 Seiten, 3 Abb., kartoniert, DM 2,50

HEFT 33
Prof. Dr. Friedrich Dessauer, Frankfurt a. M.
Erbe und Zukunft des Abendlandes
in Vorbereitung

HEFT 34
Prof. Dr. Thomas Ohm, Münster
Ruhe und Frömmigkeit
1955, 128 Seiten, 30 Abb., kartoniert, DM 8,—

HEFT 35
Prof. Dr. Hermann Conrad, Bonn
Die mittelalterliche Besiedlung des deutschen Ostens und das Deutsche Recht
1955, 40 Seiten, kartoniert, DM 2,—

HEFT 36
Prof. Dr. Hans Sckommodau, Köln
Die religiösen Dichtungen Margaretes von Navarra
1955, 172 Seiten, kartoniert, DM 7,20

HEFT 37
Prof. Dr. Herbert von Einem, Bonn
Der Mainzer Kopf mit der Binde
1955, 88 Seiten, 40 Abb., kartoniert, DM 6,—

HEFT 38
Prof. Dr. Joseph Höffner, Münster
Statik und Dynamik in der scholastischen Wirtschaftsethik
1955, 48 Seiten, kartoniert, DM 2,20

HEFT 39
Prof. Dr. Fritz Schalk, Köln
Diderots Essai über Claudius und Nero
in Vorbereitung

HEFT 40
Prof. Dr. Gerhard Kegel, Köln
Probleme des internationalen Enteignungs- und Währungsrechts
in Vorbereitung

HEFT 41
Prof. Dr. Johann Leo Weisgerber, Bonn
Die Grenzen der Schrift — Der Kern der Rechtschreibreform
1955, 72 Seiten, kartoniert, DM 3,25

HEFT 42
Prof. Dr. Richard Alewyn, Köln
Von der Empfindsamkeit zur Romantik
in Vorbereitung

HEFT 43
Prof. Dr. Theodor Schieder, Köln
Die Probleme des Rapallo-Vertrages 1922
in Vorbereitung

HEFT 44
Prof. Dr. Andreas Rumpf, Köln
Stilphasen der spätantiken Kunst
in Vorbereitung

HEFT 45
Dr. Ulrich Luck, Münster
Kerygma und Tradition in der Hermeneutik Adolf Schlatters
1955, 136 Seiten, kartoniert, DM 6,15

HEFT 46
Prof. Dr. Walther Holtzmann, Rom
Das Deutsche Historische Institut in Rom
Prof. Dr. Graf Wolff Metternich, Rom
Die Bibliotheca Hertziana und der Palazzo Zuccari
1955, 68 Seiten, 7 Abb., kartoniert, DM 3,50

JAHRESFEIER 1955
Prof. Dr. Josef Pieper, Münster
Über den Philosophie-Begriff Platons
Prof. Dr. Walter Weizel, Bonn
Die Mathematik und die physikalische Realität
1955, 62 Seiten, kartoniert, DM 2,90

HEFT 47
Prof. Dr. Harry Westermann, Münster
Person und Persönlichkeit im Zivilrecht
in Vorbereitung

HEFT 48
Prof. Dr. Johann Leo Weisgerber, Bonn
Die Namen der Ubier
in Vorbereitung

HEFT 49
Prof. Dr. Friedrich Karl Schumann, Münster
Mythos und Technik *in Vorbereitung*

HEFT 50
Prof. Dr. Wolfgang Schöne, Hamburg
Raffaels Sixtinische Madonna
in Vorbereitung

HEFT 51
Prälat Prof. Dr. Dr. h. c. Georg Schreiber, Münster
Der Bergbau in Geschichte, Ethos und Sakralkultur
in Vorbereitung

HEFT 52
Prof. Dr. Hans J. Wolff, Münster
Die Rechtsgestalt der Universität
in Vorbereitung

HEFT 53
Prof. Dr. Heinrich Vogt, Bonn
Schadenersatzprobleme im Verhältnis von Haftungsgrund und Schaden
in Vorbereitung

HEFT 54
Prof. Dr. Max Braubach, Bonn
Der Einmarsch der deutschen Truppen in die entmilitarisierte Zone am Rhein im März 1936. Ein Beitrag zur Vorgeschichte des zweiten Weltkrieges
in Vorbereitung

HEFT 55
Prof. Dr. Herbert von Einem, Bonn
Die Menschwerdung Christi des Isenheimer Altars
in Vorbereitung

HEFT 56
Prof. Dr. E. J. Cohn, London
Der englische Gerichtstag
in Vorbereitung

HEFT 57
Dr. Albert Woopen, Aachen
Die Zivilehe und der Grundsatz der Unauflöslichkeit der Ehe in der Entwicklung des italienischen Zivilrechts
1956, 88 Seiten, kartoniert, DM 4,—

WESTDEUTSCHER VERLAG · KÖLN UND OPLADEN

If you have any concerns about our products,
you can contact us on
ProductSafety@springernature.com

In case Publisher is established outside the EU,
the EU authorized representative is:
**Springer Nature Customer Service Center GmbH
Europaplatz 3, 69115 Heidelberg, Germany**

Printed by Libri Plureos GmbH
in Hamburg, Germany